Escritos de dinámica

Colección
Clásicos del Pensamiento

Director
Antonio Truyol y Serra

Gottfried Wilhelm Leibniz

Escritos de dinámica

Estudio preliminar y notas de
JUAN ARANA CAÑEDO-ARGÜELLES

Traducción de
JUAN ARANA CAÑEDO-ARGÜELLES
y MARCELINO RODRÍGUEZ DONÍS

tecnos

Diseño de cubierta:
JV, Diseño gráfico, S.L.

En la presente edición, Marcelino Rodríguez Donís es traductor de «Breve demostración del memorable error de Descartes» y «Espécimen dinámico (I y II Parte)». Juan Arana Cañedo-Argüelles ha traducido el resto de los textos incluidos.

1ª. edición, 1991
2ª. edición, 2014

Juan Ignacio Luca de Tena, 15 - 28027 Madrid
ISBN: 978-84-309-6365-2
Depósito Legal: M-29462-2014

Printed in Spain

ÍNDICE

ESCRITOS DE DINÁMICA

ESTUDIO PRELIMINAR

por Juan Arana Cañedo-Argüelles

Al Prof. Otto Saame

I. LA DINÁMICA EN LA OBRA DE LEIBNIZ

Presentamos una selección de los escritos más significativos de Leibniz relativos a la Dinámica, ciencia creada por él y denominada con una palabra de su invención. Aunque en muchos casos fueron impugnadas la importancia y originalidad de sus aportaciones, al menos en este campo nadie le discutió la prioridad, de modo que, en el artículo *dynamique* de la *Encyclopédie*, d'Alembert explicaba que el vocablo «significa propiamente *la ciencia de las potencias o causas motrices*, es decir, de las fuerzas que ponen los cuerpos en movimiento.» Y agregaba:

> El Sr. Leibniz es el primero que se ha servido de este término para designar la parte más trascendente de la mecánica, que trata del movimiento de los cuerpos, en tanto que causado por fuerzas motrices actual y continuamente actuantes[1].

[1] *Encyclopédie*, vol. V, p. 174.

Leibniz compuso numerosos trabajos referentes a la nueva disciplina, y también trató de ella en su correspondencia prácticamente durante todas las fases de su actividad intelectual. Sin embargo, muy poco de todo ello fue publicado mientras vivió: aparte de las alusiones más o menos explícitas que salpican obras dedicadas a otros temas, como la *Teodicea*, el público sólo conoció artículos que desarrollaban aspectos parciales o polemizaban contra teorías rivales, y únicamente pudo atisbar un panorama general de su dinámica madura a través del *Specimen dynamicum* (1695), resumen apresurado del que además sólo vio la luz la primera parte. Los manuscritos más importantes tuvieron que aguardar siglo y medio hasta conocer el camino de la imprenta. En la edición realizada por Gerhardt de los *Escritos matemáticos*, el volumen VI (1860) está consagrado íntegramente a la dinámica, y da a conocer por vez primera la parte más considerable de la producción leibniziana relativa al tema. Aún entonces quedaron por descubrir contribuciones importantes, que han ido viendo la luz poco a poco, en un proceso que todavía está por concluir: el mismo Gerhardt publico en 1888 un artículo[2] en el que daba cuenta de la existencia de un diálogo sobre dinámica titulado *Phoranomus seu Potentia et Legibus naturae*[3], compuesto en Roma en 1689, y cuya edición crítica no ha sido completada[4]. Foucher de Careil publicó en 1859 un *Ensayo de dinámica*, que un descubrimiento posterior de Pierre Costabel ha permitido corregir y ubicar correctamente[5].

Con el inicio de la serie de escritos filosóficos de la edición de la Academia, realizada por la Leibniz-Forschungsstelle de Münster, se ha empezado a tener acceso al enorme caudal de material existente. Por el momento contamos con los escritos de la etapa 1669-1671, agrupados en torno a la

---

[2] *Zu Leibniz' Dynamik.*

[3] Ibíd., p. 576.

[4] Véase A. Robinet, *Les surprises du Phoranomus*, 1989, p. 172.

[5] Véase P. Costabel, *Leibniz et la dynamique*, 1960, pp. 15-32.

Teoría del movimiento abstracto y la *Nueva hipótesis física*[6], y con los trabajos correspondientes a la estancia en París (1672-1676)[7]. La lenta progresión de los eruditos no permite abrigar muchas esperanzas de una pronta resolución definitiva del problema, y de hecho se siguen produciendo importantes novedades, como la que ha supuesto el descubrimiento de un borrador de la primera parte del *Specimen dynamicum*[8], o la que va a deparar la inminente edición del *Phoranomus*, a la que ya he aludido.

Todas estas circunstancias y dificultades plantean al menos dos cuestiones: ¿Por qué se produjo en su momento y se sigue manteniendo todavía hoy una situación tan caótica en el conocimiento y difusión de las teorías dinámicas de Leibniz? ¿Es posible, a pesar de todo, hacer una presentación relativamente simple de esta doctrina y de su evolución, sin correr un riesgo demasiado grande de caer en errores considerables? Como soy parte interesada en lo que respecta a la segunda pregunta, la voy a dejar sin contestar por ahora. En cuanto a la primera, es preciso recordar, en primer lugar, la prodigiosa capacidad de Leibniz para escribir sobre los más diversos temas, y su no menos insólita incapacidad para concluir, ordenar, tirar o quemar lo que había escrito. Su polifacética existencia no le permitió dedicar a la dinámica, una más de sus numerosas criaturas intelectuales, la atención que ésta y sus valedores reclamaban:

> La razón que me hizo dejar en Florencia un borrador de una nueva ciencia de la Dinámica, es que allí había un amigo [Bodenhausen] que se encargó de ordenarlo y pasarlo a limpio, e incluso de hacerlo publicar. Que aparezca sólo depende de mí.

---

[6] Véase *G.W. Leibniz Philosophische Schriften*, vol. II, 1966, pp. 157-385.

[7] Ibíd., vol. III, 1980, pp. 3-112. Existe también una *Vorausedition* del próximo volumen de *Escritos filosóficos* (fascículos 1-8, Münster, 1982-1989), que contiene diversos trabajos de interés. Véanse, en particular, núms. 141-146, 150, 210, 368, 403, 416, 447.

[8] Véase G. Most, *Zur Entwicklung von Leibniz' Specimen dynamicum*, 1984.

> No tengo más que enviar el final. Pero todas las veces que pienso en ello se me ocurre tal cantidad de novedades, que todavía no he tenido tiempo de digerirlas[9].

Pero, además de estas razones, que valen igualmente para la producción de nuestro hombre en todos los estilos y géneros, hay otras que tocan un poco más de cerca a la dinámica, y es que Leibniz nunca consiguió formularla de un modo que le dejara completamente satisfecho. El texto que he citado indica que cuando le dedicaba algo de atención, veía abrirse tantos caminos ante él, que debía desistir ante un desbordamiento de creatividad que lo arrollaba. Los que apenas han sido iluminados en toda su vida por la llama de la inspiración envidiarán sin duda la increíble facilidad del sabio sajón, pero hay que reconocer que para éste pudo representar algo incómodo y extenuante. Lo cierto es que, como ha dicho André Robinet, «se llega así a la paradoja de que todavía no existe la obra dinámica de Leibniz»[10]. Ello se explica sólo en parte por el hecho de que no tuviera tiempo ni tranquilidad para acabar de desarrollarla, ya que, de haberlo tenido, «hubiese quedado insatisfecho al día siguiente de los pensamientos de la víspera»[11]. Los discípulos y seguidores más directos tampoco estuvieron en condiciones de subsanar esta carencia. Johann y Jakob Bernoulli, así como Jakob Hermann, seguramente porque no tenían el empuje filosófico-especulativo necesario para comprender todas las implicaciones que Leibniz había visto en «su» dinámica; Christian Wolff, precisamente porque, a la hora de articular la mecánica y la ontología, pergeñó una teoría propia, profundamente incompatible con la de su maestro[12].

Lo que no consiguieron los discípulos, tampoco hemos

---

[9] *Extrait d'une lettre de M. Leibniz à M. Foucher*, JS, 2 de junio de 1690, p. 247.

[10] *Dynamique et fondaments métaphysiques*, 1984, p. 24.

[11] Ibíd.

[12] Véase J. École, *Cosmologie wolffienne et dynamique leibnizienne*, 1964, pp. 7-8.

acabado de lograrlo editores, traductores y comentaristas. La culpa de ello hay que atribuirla en parte a las dificultades objetivas que opone la «masa» de manuscritos que nos dejó en herencia, y que ni la incuria de algunos de sus administradores ni los traslados, extravíos, incendios o guerras han conseguido reducir a proporciones manejables. Otra parte de la culpa corresponde al hecho de que todas estas calamidades, y algunas más, sí que afectaron a los encargados de su estudio, y aquí se podrían relatar numerosos episodios insólitos, que van desde el curioso sentido patrimonial de algunos bibliotecarios, que llegaron a prohibir el acceso a los codiciados documentos[13], pasando por procesos en toda regla para decidir sobre la existencia o no de una presunta carta de Leibniz[14], hasta la súbita aparición de una frontera que por un tiempo ha convertido el proyecto de edición en un complejo asunto de relaciones internacionales.

II. LOS LÍMITES DE LA MECÁNICA CARTESIANA

A pesar de todas las circunstancias adversas que he comentado, los especialistas han conseguido establecer una imagen de la dinámica de Leibniz que, aunque deba ser revisada en el futuro, nos permite partir ya de un estado de la cuestión, que ha servido de base para la selección de textos que ofrecemos a continuación, y para establecer una breve panorámica de los antecedentes, desarrollo y consecuencias de esta parte de la producción leibniziana.

---

[13] Como el Hofrath Jung. Véase C.I. Gerhardt, «Über die vier Briefe von Leibniz, die Samuel König in der Appel au Public veröffentlicht hat», *Sitzungsberichte der Kön. preuss. Ak. der Wiss. zu Berlin*, 1898 (1), pp. 422-423.

[14] Véase *Jugement de l'Académie Royale des sciences et belles lettres sur une lettre prétendue de M. Leibn.*, Berlin, 1752.

Leibniz comienza a interesarse por la física en 1661, durante su estancia en la Universidad de Leipzig. Influido por Gassendi, opta por el atomismo y adopta un punto de vista mecanicista. El opúsculo de 1668 *Confessio naturae contra atheistas* revela un cambio de orientación, puesto que en él se expresa la necesidad de fundamentar los principios mismos del atomismo en una instancia metafísica superior, es decir, en Dios. Con esto queda arruinada la entraña misma del atomismo, entendido como explicación última de la naturaleza[15]. Leibniz realiza un potente esfuerzo de racionalización y síntesis para integrar la física extensional cartesiana, la foronomía de Hobbes y los métodos matemáticos de Bonaventura Cavalieri. Esto precede inmediatamente a la instalación de Leibniz en París, que marca el inicio de una etapa decisiva en su biografía intelectual, en la que se establecerán las bases de la dinámica que elabora en su madurez.

Hay, por tanto, dos momentos principales en la evolución del pensamiento mecánico de Leibniz: en el primero, reformula las leyes cartesianas para hacerlas más coherentes con los principios en que se basan; en el segundo, rompe tanto con el desarrollo como con las raíces de esta doctrina, creando una nueva concepción mecánica en estrecha simbiosis con una metafísica completamente original. En ambos casos, no obstante, la referencia constante es Descartes, cuyos *Principios de filosofía* (1644) y el pequeño *Tratado de mecánica* (publicado en 1668 por Nicolas Poisson) son sucesivamente asimilados, desarrollados, rectificados y, finalmente, criticados e impugnados.

De todos modos, hay algo que siempre compartieron ambos filósofos: el deseo de encontrar una teoría de la materia y el movimiento perfectamente racional. Descartes elige para ello la idea clara y distinta de extensión, y preten-

---

[15] Véase R. Violette, *Rôle, portée et structure de la Théorie du Mouvement abstrait dans la philosophie de Leibniz*, 1984, pp. 104-105.

[16] Véase Descartes, *Principes de philosophie*, II, § 4.

de reducir a ella todo lo que hay en el mundo corpóreo[16]. Apura la identificación de lo corpóreo con lo extenso hasta el punto de que la idea misma de impenetrabilidad se hace redundante, puesto que cualquier zona del espacio está llena de materia, en cuanto que ésta se identifica con la extensión infinita en anchura, longitud y profundidad[17]. Por la misma razón, el concepto de vacío carece de significado, pues todo lo que es extenso, ya *es* en el más pleno sentido de la palabra[18]. La dificultad que entonces se presenta es cómo pasar de la sustancia extensa, que es una, a los cuerpos mismos, que son múltiples. Descartes recurre entonces al concepto de movimiento: son los movimientos que se producen en el *plenum* de la extensión los que individualizan a las sustancias, definiendo configuraciones solidarias cuyas partes permanecen en reposo mutuo[19]. La noción misma de movimiento es relativa, ya que sólo cabe juzgar acerca de las variación de las distancias que median entre dos o más cuerpos[20]. Además, sólo son posibles movimientos que se cierran sobre sí mismos, de forma que cada cuerpo ocupe el puesto que simultáneamente deja libre otro cuerpo, hasta que el último se traslada al lugar que deja vacante el primero de la cadena; así se forman los «torbellinos» que caracterizan toda la física cartesiana[21].

Por consiguiente, Descartes desarrolla una teoría en la que el movimiento y la extensión son los únicos elementos aptos para explicar la inmensa variedad de los seres materiales y la infinita multiplicidad de sus cualidades. La empresa es extraordinariamente ambiciosa, y más aún si se tiene en cuenta que no pueden ser mezclados entre sí de un modo demasiado íntimo, puesto que un movimiento directamente producido o consumido por la extensión (=materia) empañaría la límpida claridad y confundiría la neta

---

[17] Véase *Principes*..., II, § 11.
[18] Véase *Principes*..., II, § 16.
[19] Véase *Principes*..., II, § 23.
[20] Véase *Principes*..., II, § 25.
[21] Véase *Principes*..., II, § 33.

distinción de la idea misma de sustancia extensa. Así pues, el movimiento es inherente a la materia, pero no se funde con ella; casi se puede decir que es un accidente «en» la materia, no «de» la materia. Por eso hace falta, en primer lugar, que Dios imprima el movimiento en el universo y, luego, que lo conserve, puesto que los cuerpos son tan incapaces de extinguirlo, una vez recibido, como antes lo fueron de producirlo. Aquí aparece la idea de la conservación del movimiento o, mejor dicho, de la cantidad de movimiento, una vez que sepamos cuantificarlo. Para ello, Descartes introduce un supuesto complementario. Su ontología es dualista, y de algún modo tiene que conseguir la interacción entre los dos tipos de sustancias finitas, el pensamiento y la extensión. Lo puede conseguir si distingue entre la *magnitud* misma del movimiento, considerado éste fuera de toda referencia, y su *determinación*, esto es, la dirección y el sentido de cada móvil[22]. Por tanto, el primitivo concepto relativista de movimiento se resuelve ahora en un aspecto relativo y otro absoluto, lo cual revela una doble respectividad de la noción: hacia los cuerpos que afecta y hacia Dios, que lo produce directamente y lo conserva. Sólo la magnitud absoluta interviene en la definición de cantidad de movimiento, cuya suma total se mantiene constante en todo el universo[23].

La determinación del movimiento escapa en cambio a la necesidad que expresa la ley de conservación, y por esta razón, aunque el alma sea incapaz de acelerar o retardar la velocidad de los espíritus animales que recorren el cerebro, sí puede influir en la orientación que toman sus trayectorias[24]. La física, por supuesto, no se ocupa de esto, sino de establecer a partir de la conservación de la cantidad de movimiento las grandes leyes que explican el comportamiento meramente mecánico de los cuerpos,

---

[22] Véase *Principes*..., II, § 41.
[23] Véase *Principes*..., II, § 36.
[24] Véase Descartes, *Les passions de l'âme*, I, art. XXXIV, *Oeuvres* A.T., XI, pp. 354-355.

especifican su estructura y originan sus cualidades. A este fin hay que tipificar los modos en que el movimiento pasa de unos cuerpos a otros. Por tanto, las leyes de la comunicación del movimiento constituyen el supremo resorte de esta física. Ya hemos visto que la idea misma de sustancia extensa no puede dar razón ni de la aparición ni de la desaparición del movimiento. A primera vista, también resulta muy difícil explicar desde ella que el movimiento pase de un cuerpo a otro; pero no es del todo imposible hacerlo, en la medida en que la noción de impenetrabilidad puede deducirse analíticamente de la identificación de la extensionalidad con la corporalidad. Si todo espacio está lleno por definición; más aun, si el ser de lo extenso es lo mismo que lo extenso del ser, sería absurdo pensar que un cuerpo invada el lugar ocupado por otro; sencillamente no es legítimo distinguir un cuerpo del volumen que ocupa. Ahora bien, puesto que la impenetrabilidad *sí* resulta clara y distintamente de la idea de sustancia extensa, esta idea procura un medio para la transmisión del movimiento: cuando dos cuerpos animados con movimientos opuestos se encuentran en un punto y chocan, no pueden proseguir sus respectivos movimientos sin atentar contra su misma esencia que los convierte en seres extensos e impenetrables. Como los movimientos no pueden conservarse como tales, ni tampoco perderse, de acuerdo con la ley de conservación, por fuerza habrán de cambiar sus velocidades y producirse una *comunicación* del movimiento. Concretamente, la única solución compatible con los dos presupuestos radicales de la física extensional es que se altere la *determinación* (dirección y/o sentido) de los movimientos, o bien que un cuerpo ceda a otro toda o parte de la magnitud absoluta de movimiento que posee, de forma que cese la pugna de ambos por penetrarse recíprocamente[25].

Aunque demos por buena la lógica que subyace a estos argumentos, todavía queda un punto oscuro, porque hay

[25] Véase *Principes...*, II, § 45.

muchos modos posibles de cambiar la determinación del movimiento de los cuerpos que chocan, así como de transvasar parte de la cantidad de movimiento que poseen, para salvar el conflicto que se produce en el encuentro. Hace falta, por tanto, un criterio suplementario si queremos despejar esta ambigüedad y completar el esquema deductivo de la teoría que buscamos. Descartes, en efecto, introduce este complemento en la forma de siete reglas que resuelven todos los casos que se pueden dar en el choque directo de dos cuerpos[26]. Sin embargo, al poco de ser formuladas hubo muchos que las rechazaron, ya que, por un lado, no estaban de acuerdo con la experiencia (en la medida en que ésta nos ofrece casos en que los cuerpos colisionan en las condiciones ideales que se postulan[27]) y, por otro lado, tampoco son un mero corolario de los otros supuestos manejados por Descartes (reducción de todos los cuerpos a la idea clara y distinta de sustancia extensa y conservación de la cantidad de movimiento en el universo). Cabe pensar, y así se hizo, que Descartes había enunciado las leyes del movimiento y las reglas del choque guiado por criterios adicionales, tales como el principio de parsimonia, o el deseo explicar ciertas cualidades básicas de los cuerpos sensibles (dureza, cohesión, elasticidad, etc.). En este sentido, se puede decir que el filósofo francés sacrificó la mecánica al mecanicismo, mientras que la mayor parte de los cultivadores de esta disciplina, a partir de Huygens, se negaron a aceptar semejante sacrificio.

En resumidas cuentas, Descartes esboza una física reduccionista, en la que todo se explica por magnitud, figura y movimiento[28]; pero su teoría resulta muy débil en un punto esencial: la comunicación del movimiento. Con ello ofrece además, como hemos visto, un flanco doblemente vulnerable: desde el punto de vista lógico-sistemáti-

---

[26] Véase *Principes...*, II, §§ 46-52.
[27] Véase *Principes...*, II, § 53.
[28] Véase *Principes...*, II, § 23.

co, porque resuelve de un modo arbitrario esta cuestión decisiva, y desde el punto de vista empírico, porque la experiencia desmiente en primera instancia su respuesta. De hecho, si hay un problema que el físico experimental de la época tiene posibilidades reales de aislar y estudiar en condiciones casi puras, es el del choque de los cuerpos. La circunstancia de que haya una propuesta teórica para dicho problema, que vincula la solución que se le dé con todo un modelo de comprensión del universo, proporciona al experimentalista una oportunidad inesperada para dar a sus observaciones una transcendencia extraordinaria: los datos que obtiene con sus modestos instrumentos tienen que ser tenidos en cuenta por los que discurren acerca de la esencia de la materia, o la omnipotencia e inmutabilidad divinas. No es casual que a lo largo del siglo XVII muchos investigadores abandonasen el tratamiento meramente especulativo de tan sublimes cuestiones, y se dedicasen a estudiar el comportamiento de esferas de madera suspendidas de finos alambres, sus encuentros y sus oscilaciones. En realidad, no es que hubiesen rebajado repentina y drásticamente sus aspiraciones teóricas, sino más bien que habían otorgado a los pesos y resortes la confianza que antes depositaban en silogismos y distinciones.

Naturalmente, no todos pensaban así. Quienes despreciaban el valor de los experimentos más allá de la explicación de «ciertos efectos particulares», no podían aceptar fácilmente el margen de arbitrariedad teórica que acarreaba la imposibilidad de deducir las reglas de la comunicación del movimiento a partir de la idea de sustancia extensa, o algún principio supremo de conservación. Si la formulación de las leyes del choque tenía que ser dejada al capricho de alguien o algo, sin duda existían candidatos más dignos al papel de supremo legislador de la naturaleza que el propio Sr. Descartes entregado a la meditación en su retiro holandés.

En definitiva, casi todos los físicos de la segunda mitad del siglo XVII estuvieron de acuerdo en la necesidad de reformular las dichosas leyes: los que, como Huygens,

Wren, Wallis o Mariotte, acudían a la experiencia en busca de un ingrediente indispensable para la resolución del problema, y los que, como Cordemoy, de la Forge y Malebranche, opinaban que no podía ser resuelto en el ámbito estricto de la física. Para éstos últimos, si la idea de sustancia extensa no permite deducir el comportamiento de los cuerpos al chocar, hay que concluir que no son capaces de realizar unas acciones que no se pueden determinar *a priori* desde su concepto, y por lo tanto tiene que ser Dios el responsable directo de las acciones mismas y de las reglas que las gobiernan.

III. LA TEORÍA DEL MOVIMIENTO DEL JOVEN LEIBNIZ

Y precisamente cuando las posturas estaban más enconadas y el fin de las discusiones menos a la vista, llega a París un joven estudioso alemán, comisionado por el príncipe-obispo de Maguncia para tratar de desviar las ansias de conquista del monarca francés lejos de las tierras renanas que administra[29]. Es un jurista preocupado por la pacificación política y espiritual de Europa, pero también se interesa por la mecánica. Todavía no ha tenido tiempo suficiente para madurar, pero ha leído y meditado mucho, y una de las numerosas empresas que ha intentado es llevar la física extensional más allá de donde la dejó Descartes. De él toma la idea de que lo que importa no es dar con unas leyes directamente avaladas por la experiencia, porque, aunque consigamos cuerpos casi perfectamente elásticos y eliminemos prácticamente las pérdidas por frotamiento, nunca podremos aislar los cuerpos colisionantes de todos los que los circundan, en un mundo carente de huecos y espacios vacíos. En cualquier caso, siempre

---

[29] Véase R. Müller y G. Krönert, *Leben und Werke von G.W. Leibniz*, 1969, pp. 26 ss.

habrá lugar para dar una explicación satisfactoria de los fenómenos (como intenta conseguir con la *Theoria motus concreti* o *Hypothesis physica nova*, 1671). Lo prioritario es conseguir una teoría del movimiento abstracto, esto es, un análisis de las condiciones en que se produce la comunicación del movimiento entre los cuerpos que, sin tener en cuenta las complejidades que manifiestan los fenómenos, reduzca las condiciones del problema a su mínima expresión, para otorgar a las reglas que puedan serle aplicadas un valor de principio explicativo extensible a todos los demás aspectos de la realidad física. En realidad, el extensionalismo de la mecánica cartesiana es cuestionable para el joven Leibniz no solamente porque hay un margen de arbitrariedad (e incluso de incoherencia, como descubrirá más tarde) en la formulación de sus leyes, sino por el hecho mismo de introducir la magnitud de los cuerpos (o, como dicen los cartesianos, la *masa*) en la definición de cantidad de movimiento. ¿Por qué hay que multiplicar esa magnitud por la velocidad para obtener el monto que debe ser conservado en todas las transacciones cinemáticas del universo? Extensión y movimiento no pueden ser mezcladas entre sí de ese modo si se pretende preservar la distinción y claridad de ambas nociones. El movimiento es, sí, movimiento de lo extenso, pero ni su producción, ni su consunción, *ni tampoco su comunicación* deben ser explicadas recurriendo a la extensión, sino al movimiento mismo y, en todo caso, a Dios, es decir, a la instancia metafísica que es directamente responsable de él. La *Theoria motus abstracti* (1671), el primer esbozo leibniziano de una filosofía natural de signo racionalista, desarrolla todos estos puntos de vista.

Como ya se ha consumado la ruptura con el atomismo, tanto los cuerpos como el movimiento se estudian bajo el prisma de la continuidad: ello lleva a la negación tanto de los átomos, como de los tránsitos bruscos de una posición a otra. Ahora bien, para tener una teoría continuista de la materia y el movimiento, hay que enfrentarse con la idea de infinito, e incluso con la de infinito en acto, y no es Descartes quien puede ofrecer la clave para tratar matemáticamente esta noción, sino Cavalieri, quien ha creado, siguiendo la enseñanza de Galileo, la ciencia de los indivisibles. Además, hay que dar con una noción básica estrictamente foronómica para apoyar en ella la argumentación sin interferencias que Leibniz quiere procurarse. La encuentra en la idea hobbesiana de *conatus*, que nuestro hombre reinterpreta para acomodarla a las exigencias del nuevo método matemático y a los fines teóricos que persigue[30]. La matemática de los indivisibles se apoya en conceptos francamente paradójicos: pretende que el continuo esté compuesto de partes que, en último término, sean indistantes, inextensas y, por tanto, indivisibles. Hay un número infinito de ellas en cada porción que podamos designar; no son átomos, ni tampoco esencialmente distintas de las magnitudes que resultan al combinarse entre sí. Así entiende Leibniz su *conatus*: no es un átomo de movimiento, porque no rompe la continuidad de los desplazamientos; implica algo instantáneo, el tránsito que se produce en cada momento, y tampoco se identifica con la quietud, sino que está compuesto de partes, aunque sean partes indistantes.

De todo ello resulta una doctrina singular, en la que los cuerpos en reposo, por grandes que sean, no pueden resistir el empuje de los cuerpos pequeños en movimiento, debido a que lo que se componen son los conatos, independientemente de la magnitud de los cuerpos en los que los conatos están insertos[31]. Pronto abandonará Leibniz esta física, aunque no por la obvia discrepancia que hay entre ella y los fenómenos. Puede darse razón de la experiencia suponiendo que los cuerpos macroscópicos son agregados de partículas que poseen sus propios conatos, los cuales se componen separadamente entre sí cuando tiene lugar una colisión[32]. La dificultad más seria proviene del hecho de que varios conatos pueden superponerse en un mismo elemento y equili-

---

[30] Véase *Theoria motus abstracti*, SSB VI, II, pp. 264-265.
[31] Véase *Theoria...*, SSB VI, II, pp. 268-269.
[32] Véase *Theoria...*, SSB VI, II, p. 273.

brarse recíprocamente. Como consecuencia de ello, se abre la posibilidad de que disminuya la cantidad total de movimiento efectivo en el mundo: parece que la fundamentación racional de la comunicación del movimiento no desemboca en un principio de conservación, que es lo único que puede garantizar de un modo natural la permanencia del movimiento en el universo[33]. No es fácil escapar a esta aporía, puesto que los conatos son relativos, poseen una dirección y un sentido, mientras que la conservación del movimiento tiene que ser algo absoluto, es decir, válido para todo sistema de referencias.

Vemos, pues, que en último término la primera física de Leibniz tiene una fuerte dependencia de principios ontológicos ajenos a ella: está supeditada a una Providencia que debe organizar y armonizar la composición de conatos, para mantener constante la suma total de movimiento en el cosmos. Y es que, como ha señalado Robinet, toda la *Hypothesis physica nova* reposa sobre la tesis de un movimiento universal único, directamente administrado por Dios[34]. La comunicación de los impulsos ya no está en función de las reglas que Descartes había tenido a bien elegir, sino que se encuentra directamente en manos del Todopoderoso. No es otra la solución que propondrán los ocasionalistas, y en este sentido Leibniz no tuvo que aprender nada de ellos:

> Así pues, Leibniz ha sido malebranchista bien antes de la aparición de la *Recherche de la verité*, pues cuando ésta aparezca, en 1675, comenzará a no estar satisfecho del ocasionalismo[35].

Así ocurre, en efecto: durante los años que siguen Leibniz entra en contacto con los más grandes sabios del momento, acaba de poner al día sus lecturas y se convierte en un matemático de primera línea, haciendo la decisiva

---

[33] Véase J. Moreau, *L'Univers leibnizien*, 1956, pp. 49-51.
[34] Véase A. Robinet, *Dynamique...*, pp. 5-8.
[35] Robinet, *Dynamique...*, p. 7.

invención del nuevo cálculo. Huygens ha sido su principal tutor en lo que atañe a las materias científicas, y Leibniz aprende a apreciar la solución que aquél había dado en 1669 al problema del choque de los cuerpos[36], y que había minusvalorado en un primer momento. Si antes había adoptado un punto de vista estrictamente metafísico que lo había llevado al borde del ocasionalismo, ahora se acerca a los autores que no habían sentido repugnancia de apoyarse tanto en la razón como en la experiencia para construir la teoría física, en vez de esperar al último momento para justificar de cualquier modo los fenómenos.

IV. EL PROBLEMA DEL CHOQUE EN LA FÍSICA POSTCARTESIANA

Todo esto nos lleva a prestar atención a la segunda posibilidad que dejó abierta la frustrada síntesis de Descartes. En los años que siguieron a la muerte de éste, el problema del choque se convirtió en la piedra de toque de toda la física y en un punto crucial para el desarrollo de una imagen mecánica del mundo. La idea de que se trataba de un desafío irrenunciable se difundió rápidamente, de modo que en 1668, veinticuatro años después de la aparición de los *Principios* cartesianos, la *Royal Society* de Londres encargó a Huygens, Wren y Wallis, tres de los físicos más famosos del momento, que aportaran sus respectivas soluciones al tema[37]. Las respuestas de estos hombres, complementarias entre sí, arrojaron una luz definitiva sobre el asunto, a partir de las siguientes premisas:

No se plantearon, en primer lugar, una explicación de las causas que mantienen unidos los cuerpos macroscópicos y les dotan de sus cualidades mecánicas fundamentales, sino

---

36 Véase Ch. Huygens, *Extrait d'une lettre de M. Hugens à l'auteur du Iournal sur les regles du mouvement dans la rencontre des corps*, JS, 1669.

37 Véase R. Dugas, *La mécanique au XVIIe siècle*, 1954, pp. 287-293.

que, aceptando como dadas estas propiedades, procuraron resolver el problema de averiguar cómo se resuelve el conflicto de varios cuerpos, cuando sus movimientos respectivos les obligan a entrar en pugna por la posesión de un lugar. Indudablemente, para poder plantear en este terreno el problema del choque, se hacía de un modo más o menos expreso una renuncia al rígido continuismo de la teoría cartesiana de la materia: no aparece cuestionada ni explicada la cohesión de los cuerpos elementales, lo cual es equivalente a optar por el atomismo o al menos por el corpuscularismo, como efectivamente hace Huygens. Es curioso constatar que la entrada del atomismo en la ciencia moderna no se produce en virtud de sus propios méritos positivos, sino gracias a una limitación del alcance de la explicación mecánica, que rebaja sus pretensiones explicativas y hace posible que la ciencia se plantee metas al alcance de sus todavía exiguas fuerzas.

La segunda premisa es la simplificación del caso elemental, centrado en el conflicto frontal de dos masas puntuales dotadas de diferente magnitud o masa, y que concurren con una velocidad de aproximación variable. Se supone que el conflicto tiene lugar en el vacío, independientemente de que se acepte o no la posibilidad física del vacío, y sólo con objeto de evitar la interferencia de otros cuerpos en la colisión. Suponemos, por tanto, un cuerpo A, cuya magnitud es m_a y que posee la velocidad v_a; y otro cuerpo B, cuya magnitud y velocidad son m_b y v_b, respectivamente. La cuestión consiste en hallar los principios y leyes que nos permitan averiguar cuáles serán las velocidades y magnitudes de esos dos cuerpos *después* del choque. Como se ve, la racionalización del problema pasa por una renuncia a decidir si hay o no continuidad en el proceso: lo que importa es el antes y el después del choque mismo, cuya entraña queda fuera del ámbito de la consideración teórica. Se trata únicamente de prever las consecuencias de la colisión a partir de sus condiciones previas. En el caso ideal considerado, las incógnitas a despejar son en principio cuatro: magnitud y velocidad de cada uno de los dos cuerpos al final del proceso. La variabilidad misma queda confinada al momento del conflicto; antes y después no cabe esperar modificaciones de ningún tipo, en virtud de los principios que aseguran la conservación de las sustancias y de los movimientos siempre que una causa externa no intervenga para modificarlos en un sentido u otro.

Otro supuesto complementario es que la masa de los dos cuerpos no va a verse alterada en lo más mínimo por el choque, lo cual reduce a dos el número de incógnitas, y resulta, a su vez, de la necesidad de no mezclar la comunicación del movimiento con los fenómenos relativos a la cohesión y firmeza de los cuerpos complejos, que complicarían el problema haciéndolo inabordable.

Se supone, pues, que lo único que resultará afectado será la velocidad de cada cuerpo, porque ése es el único medio que la naturaleza dispone para evitar la interpenetración de los cuerpos en conflicto. Una vez planteada así la cuestión, hay que acudir a una distinción que clasificaba en dos clases los cuerpos, y asimismo los choques: duros y blandos. Esta distinción confunde dos pares de cualidades mecánicas: la dureza y blandura, por una parte, y la elasticidad e inelasticidad, por otra; aunque en realidad los autores que tratamos pensaban en esta última oposición. Creían que los cuerpos se comportan al chocar de modo diferente según tengan o no la capacidad de recuperarse de los aplastamientos que les sobrevienen con el mismo vigor con que se han producido. El cuerpo «duro» (elástico) cede poco al cuerpo que tropieza con él, pero sobre todo no queda deformado permanentemente, sino que reacciona volviendo a su primitiva figura. El cuerpo «blando», en cambio, permanece pasivamente afectado por la deformación, que se convierte en permanente al no poder hacer nada por eliminarla.

Una vez sentados todos estos presupuestos, podemos pasar ya a analizar los datos del problema y proceder a su resolución. Según el principio cartesiano, la cantidad de movimiento total de cada sistema no resulta afectada por ningún proceso interno que pueda ocurrir en él. Esto lo podemos expresar analíticamente así:

$$m_a.v_a + m_b.v_b = m_a.v_a' + m_b.v_b'$$

donde v_a' y v_b' representan las velocidades de los dos cuerpos después del choque.

El principio de la conservación de la cantidad del movimiento expresa, por tanto, una propiedad invariable de toda clase de choques, y sirve para despejar una incógnita, o sea, para reducir a uno solo los enigmas que oscurecen la solución del problema. Por consiguiente, hace falta todavía determinar una condición suplementaria. Pero, antes de aplicarse a ella, la física postcartesiana revisó el postulado fundamental de la mecánica de Descartes. Ya he señalado que éste había considerado separadamente la *cantidad del movimiento* (el módulo del producto de magnitud y velocidad, independientemente de cualquier referencia del movimiento) y la *determinación del movimiento* (que contempla la dirección y el sentido del movimiento). Por eso, la cantidad de movimiento cartesiana es una magnitud escalar, absoluta, que se puede sumar aritméticamente para calcular la que corresponde a un sistema de varios cuerpos. En cambio, Huygens y los mecánicos posteriores vieron bien que no es lícito separar la magnitud absoluta de la determinación, cuando estudiamos la cantidad de movimiento de uno o varios cuerpos. Esto hace que la cantidad de movimiento del sistema no resulte de la suma escalar de las cantidades de movimiento de sus componentes, sino de la suma *vectorial* de las mismas, de acuerdo con la regla del paralelogramo[38]. Así pues, la genuina y exacta expresión de la primera condición es ésta:

$$m_a.\bar{v}_a + m_b.\bar{v}_b = m_a.\bar{v}_a' + m_b.\bar{v}_b'$$

En cuando a la condición suplementaria, varía según se trate de un conflicto de cuerpos elásticos o inelásticos. Cuando ambos cuerpos son inelásticos, el empuje producido por la colisión comienza a deformar ambos cuerpos y

---

[38] O bien de la suma algebraica separada de sus componentes en la dirección de los ejes coordenados ($\sum mv_x$, $\sum mv_y$, $\sum mv_z$).

aplasta uno contra otro[39]. Mientras la presión generada por el movimiento contrapuesto de ambos cuerpos dura, la deformación aumenta hasta que la resistencia de los cuerpos se sobrepone al empuje y cesa de ejercerse la presión deformante. A partir de este momento, los cuerpos permanecen inertes en el estado a que les ha llevado la fuerza del choque, ya que carecen de la capacidad de alterar por sí mismo este resultado de una acción externa. Así pues, tras el choque los dos cuerpos permanecen en la misma situación relativa de unión y reposo mutuo, ya que no queda ninguna potencia externa ni interna que pueda separarlos. Por tanto, la condición buscada expresa simplemente el comportamiento solidario de ambos cuerpos, es decir, el hecho de que sus velocidades después del choque son idénticas:

$$\bar{v}_a' = \bar{v}_b'$$

Con su ayuda podemos despejar la segunda incógnita y dejar el problema completamente resuelto.

Ahora bien, en el caso del choque elástico, todo sucede en una primera fase de modo similar: los cuerpos ceden a la fuerza del choque y se aplastan uno contra otro. Sin embargo, cuando finaliza la acción deformante y la fuerza de la colisión ha igualado las velocidades de ambos cuerpos, empieza la reacción de los cuerpos elásticos, que recuperan su primitiva forma, enderezándose uno contra otro con idéntico vigor. El resultado final será que ambos cuerpos acaban alejándose uno de otro con una velocidad equivalente a la velocidad con que antes se aproximaban. Existen varias formas algebraicas de expresar esta condición. Huygens encontró una que después habría de tener grandes repercusiones, entre otras cosas porque se podía expresar en forma de un principio homólogo al de conser-

---

[39] Véase L. Euler, *De la force de percussion et de sa veritable mesure* (1745), *Opera omnia*, II, 8, pp. 27 y ss.

vación de la cantidad de movimiento[40]. Según esta expresión, en el choque elástico además de la cantidad del movimiento del sistema, se conserva antes y después de la colisión la suma de los productos de las magnitudes de los cuerpos por los *cuadrados* de las velocidades (es decir, lo que Leibniz denominará suma de las *fuerzas vivas* de los cuerpos del sistema):

$$m_a.v_a^2 + m_b.v_b^2 = m_a.v_a'^2 + m_b.v_b'^2$$

Es preciso advertir que al multiplicar la velocidad por sí misma pierde su carácter vectorial, de modo que el producto $m.v^2$ no es una magnitud orientada, sino escalar.

De este modo, pues, quedó definitivamente resuelto el problema del choque a nivel teórico (en la práctica, no hay cuerpos puramente elásticos ni completamente inelásticos, y por eso hay que introducir para cada caso particular un coeficiente de elasticidad, que expresa el grado en que participa de ambos casos extremos). Sin embargo, el problema no había hecho otra cosa que plantearse, porque a partir de entonces quedaba por definir la interpretación física de las magnitudes puestas en juego, su fundamentación ontológica, y la relación misma del choque con otras posibles formas de interacción dinámica.

V. EL NACIMIENTO DE LA DINÁMICA

Entre 1685 y 1700 Leibniz publica o redacta una serie de escritos que constituyen la expresión madura de la nueva ciencia de la dinámica que cree haber descubierto. A ello le ha conducido por una parte el cálculo infinitesimal, inventado por él pocos años antes y que encuentra aquí una de las primeras y más felices aplicaciones. También le han ayuda-

---

40 Véase Huygens, *Extrait d'une lettre...*, *Oeuvres complètes*, XVI, p. 180.

do los desarrollos de la mecánica que hemos resumido, los cuales ya eran en parte conocidos al componer la *Hypothesis physica nova*[41], aunque no habían sido apreciados por él como lo van a ser en adelante. Pero lo que tal vez forme el núcleo de la innovación que Leibniz aporta al problema de las fuerzas motrices concierne precisamente al transfondo metafísico de la fundamentación de la mecánica. Tanto en la correspondencia de estos años, como en los trabajos más monográficos y en los sucesivos intentos de sistematización, insiste en que el motivo del fracaso de la física cartesiana no es tanto la impropiedad del utillaje matemático como la imposibilidad de encontrar en la mera extensión una comprensión cabal de los seres materiales. Por otro lado, el magisterio de Huygens le ha enseñado a apreciar la sutil conjunción de razón y experiencia que han conseguido los físicos matemáticos de la generación que sucedió a Galileo y Descartes. Pero él quiere hacer algo más que eso: en cierto modo, va a intentar conseguir con respecto al sabio holandés lo que el fundador del racionalismo se propuso hacer para superar al toscano[42]: una teoría mejor fundada, que no se quede prisionera de los «efectos particulares», sino que alcance a las más remotas causas de los fenómenos. No obstante, si el defecto de los mecánicos ha sido no saber elevarse a la contemplación de todas las dimensiones del problema del movimiento, Descartes erró en el cálculo al que hay que someterlo para obtener un balance equilibra-

---

[41] Véase *Hypothesis physica nova*, SSB VI, II, pp. 228; 231-232.

[42] «Comenzaré esta carta con mis observaciones sobre el libro de Galileo. Encuentro en general que filosofa mucho mejor que lo ordinario, apartándose tanto como puede de los errores de la escuela, y procura examinar con razones matemáticas las materias físicas. En esto estoy enteramente de acuerdo con él y considero que no hay otro medio para encontrar la verdad. Pero me parece que se equivoca mucho en cuanto que hace continuas digresiones y no se detiene a explicar por completo una materia; lo que muestra que no las ha examinado por orden y que, sin haber considerado las primeras causas de la naturaleza, sólo ha buscado las razones de algunos efectos particulares, y así ha construido sin fundamento». Descartes, *Carta a Mersenne* del 11 de octubre de 1638, *Oeuvres* AT, II, p. 380.

do de las causas y los efectos mecánicos. Un principio metafísico, el de equivalencia entre la causa plena y el efecto entero, le va a servir para desencadenar el ataque definitivo contra la teoría del francés, la *Breve demostración del memorable error de Descartes* (1686), el primero de los trabajos incluidos en nuestra selección. En mecánica, la causa no puede ser otra cosa que la *fuerza*, y el efecto será el resultado de su aplicación. Si conseguimos definir y medir el efecto, averiguaremos cómo hay que estimar la fuerza. Por estos mismos años, Newton propone una respuesta tan simple como eficaz a la misma pregunta: el efecto es la aceleración o cambio de movimiento del móvil, y la causa es la fuerza impresa, equiparable al producto de la aceleración por la masa del cuerpo acelerado[43]. Pero cuando Leibniz lee a Newton, en 1689, ya ha concebido otra solución que aborda el problema desde un ángulo diferente. Para él, el efecto es algo que se acumula y permanece dentro del móvil, y que sólo es medible cuando se agota a través de un movimiento en el que se vencen obstáculos y resistencias, porque de otro modo proseguiría indefinidamente. Levantar un peso, oprimir un resorte, abrirse paso a través de un medio resistente, seguir avanzando a pesar de la fricción de la superficie de apoyo, son ejemplos en los que no basta recurrir a la inercia, porque el efecto, en lugar de ser inocuo, resulta violento. El móvil necesita entonces recurrir a la fuerza inmanente que pose en virtud de su mismo movimiento; cada paso conlleva una pérdida de velocidad y de fuerza, hasta que una y otra desaparecen por completo: al llegar a ese punto, tendremos en la mano la auténtica medida de la fuerza, definida por la magnitud del esfuerzo y la longitud del trayecto durante el que se ha podido mantener. Galileo ha estudiado precisamente el movimiento de los proyectiles al elevarse contra la gravedad[44], y sus fórmulas son universalmente reconocidas

---

[43] Véase Newton, *Philosophiae naturalis principia mathematica, Opera* ed. Horsley, II, pp. 2-3, 14.

[44] Véase Galileo, *Discorsi e dimostrazioni mathematiche intorno a due nuove scienze* (1638), Giornata terza, *Opere* ed. Favaro, VIII, pp. 190 ss.

por todos: he ahí el mejor criterio para medir los efectos mecánicos y las causas que los producen. Todo cuerpo en movimiento puede ser desviado para que describa una trayectoria vertical; el producto de su peso por la altura a la que puede elevarse en virtud de la fuerza que le imprime su mismo movimiento proporcionará la estimación que se busca, y lo cierto es que la física cartesiana no es capaz de hacerle justicia.

Los cartesianos, por supuesto, no estuvieron en absoluto de acuerdo con este modo de plantear las cosas, y contraatacaron de la mano de Catelan y Papin, iniciando así las primeras escaramuzas de lo que se conoce como «polémica de las fuerzas vivas». El lector encontrará dentro de este volumen la primera réplica de Catelan y las dos respuestas de Leibniz, donde se exponen la mayor parte de los argumentos que serán barajados por unos y otros en sucesivos decenios. Sin embargo, nada más lejos del ánimo de Leibniz que comprometerse en una discusión sin horizontes. Lo que quiere es promover el progreso de la disciplina, aprender de sus adversarios, abrirles los ojos respecto a sus equivocaciones, avanzar junto con ellos en el descubrimiento de la verdad. A este fin viaja, investiga, busca la comunicación con los mejores interlocutores. El cálculo infinitesimal que está desarrollando desde hace unos años le ha proporcionado un reducido, pero activo, grupo de conversos; ya lo ha aplicado a problemas mixtos, como la resolución de las curvas mecánicas, y ahora va a servirle para articular la teoría del equilibrio de fuerzas, la estática, con la mecánica del movimiento que se genera cuando se rompe el equilibrio. El resultado es la teoría de las fuerzas muertas y vivas, y constituye, a pesar de las confusiones y titubeos que la acompañan, uno de los mayores timbres de gloria de la obra científica leibniziana[45]. Ahora bien, pasar de la fuerza muerta a la fuerza viva requiere algo más

---

[45] Los textos traducidos contienen una exposición pormenorizada de esta doctrina, y he reservado para las notas que los acompañan las aclaraciones particulares que requiere.

que efectuar una suma de infinitos elementos infinitesimales, porque obliga a replantear desde su misma raíz los conceptos de espacio, tiempo, movimiento y sustancia corpórea. Leibniz, acostumbrado a trabajar en varios frentes a la vez, ha compuesto por esta misma época el *Discurso de metafísica*, e iniciado la correspondencia con Arnauld, lo que le da ocasión de ahondar en sus discrepancias con la ontología de los cartesianos. Afirma que la materia no es como ellos piensan. Al igual que el miembro más distinguido de la escuela, Malebranche, ha denunciado la supuesta transparencia de la sustancia pensante, Leibniz impugna la reducción de los cuerpos a la extensión, y proclama que en la vieja doctrina de las formas sustanciales hay algo de cierto. No se trata, ciertamente, de retornar a la hueca palabrería de la última escolástica, pero sí de reconocer que en lo que llamamos materia están imbricados lo extenso y lo inextenso, lo exterior y lo interior, lo fenoménico y lo transfenoménico. Cuando afirma que es posible conjugar estas parejas de opuestos, pretende algo más que una síntesis metafórica de elementos extraños y heterogéneos; intenta en realidad superar la dualidad que Descartes ha introducido en el seno mismo de la física, ya que éste habría añadido, a la oposición entre materia y pensamiento, la que enfrenta a la extensión y el movimiento. Leibniz piensa que hay que fusionar estos dos elementos, sin los cuales resulta imposible la comprensión del universo, recurriendo para ello a un tercer factor al que ambos puedan ser referidos. Este factor es la idea de *fuerza*, que encierra la dialéctica de la identidad de las partes del cuerpo con el lugar que ocupa, y de la negación de esa identidad por el movimiento, movimiento que para él está omnipresente y es inseparable de la realidad material. La fuerza es causa y principio del movimiento, pero también es causa y principio de la extensión, porque constituye el ser de lo extenso, el sujeto que se ex-tiende saliendo fuera de sí, relajando su propia identidad sin acabar de romperla. Todo esto es la fuerza motriz; es responsable del movimiento y de la extensión, y, por ello mismo, está situada más allá del tiempo y del espacio; no es extensa porque en ella se encuentra la fuente de la extensión; es activa porque genera la acción que hay tras toda transformación, y también es pasiva, en cuanto que gracias a ella los cuerpos se convierten en sujetos pacientes de tales transformaciones, son movidos y oponen resistencia, haciendo que a toda acción acompañe una reacción equivalente.

De esta manera, Leibniz cree haber encontrado un nuevo acceso al mundo que está más allá de la sensibilidad. Si las fuerzas motrices permiten comprender la unidad de la física y superar la oposición entre lo extenso inmóvil y el movimiento a través de lo extenso, seguramente es posible también generalizar la noción para transcender la secular antítesis entre la materia y el espíritu. Si la fuerza, como el espíritu, está más allá de lo extenso, el espíritu es a su vez una forma capaz de determinar la materia, como la fuerza. La fuerza motriz unifica las determinaciones espacio-temporales del móvil; su ley conecta entre sí los momentos y las posiciones, gobierna el encuentro de los cuerpos y sus consecuencias. No resulta entonces descabellado que una fuerza primitiva reúna en un solo haz todas las determinaciones de las sustancias, rija el orden y la sucesión de sus alteraciones cualitativas, encuentre una alternativa superadora para el imposible problema de la comunicación entre las sustancias...

La fuerza primitiva, al igual que la derivativa, es doble: activa y pasiva, ya que acción y pasión, positividad y negatividad, vida e inercia, forma y materia, son aspectos complementarios tanto del mundo sensible como del transfenoménico.

Leibniz ha atisbado así los rasgos fundamentales de la que va a ser su filosofía definitiva; la vía hacia el sistema monadológico de la armonía preestablecida queda abierta. Pero también ha de prestar atención a la física, porque los tiempos y las gentes no están aún preparados para unas concepciones tan osadas. Sus hallazgos matemáticos han llamado la atención y merecido el aprecio del mundo erudito, pero muy pocos están dispuestos a dejarse convencer y acompañarle en sus arriesgadas teorizaciones. El viaje a

Italia (1689-1690) sirve para materializar y depurar muchos de los descubrimientos barruntados durante estos años[46]. Allí todavía es muy vivo el interés por la filosofía natural, y encuentra interlocutores interesados y múltiples estímulos: puede consultar los manuscritos galileanos que conserva Viviani; lee el nuevo libro de Isaac Newton que revela la trama matemática del sistema del mundo, al tiempo que introduce conceptualizaciones que al sabio sajón suenan extrañas y discutibles. También da con valedores dispuestos a aceptar sus puntos de vista y actuar como agentes para difundirlos[47]. Por ello toma la pluma, pone en orden sus ideas y redacta diversos trabajos. El más largo y sistemático, concebido *more geometrico*, a base de definiciones y proposiciones, representa un esbozo de la obra definitiva que nunca llegará. En la primera página del manuscrito[48] quedan las huellas de sus titubeos a la hora de elegir un título que sirva para encabezarlo. Primero escribe una palabra que no llega a concluir y tacha con un garabato. Debajo consigue hilvanar dos palabras: «*De legibus...*»; pero se arrepiente y las elimina con un trazo semejante al anterior. Después consigna con una letra más grande: «*De Potentia et Legibus Naturae Corporeae*». Por fin, entre esta línea y los títulos abortados inserta con mayúsculas una nueva palabra: «*DYNAMICA*». La criatura ha sido por fin bautizada. Consciente de ello, agrega algo más abajo, con trazos más pequeños: «*Tentamen scientiae novae*».

Parece que lo fundamental ya está conseguido. Sin embargo, aún queda mucho por hacer. Leibniz regresa a Alemania sin haber concluido su tarea. No lo hará jamás. En cambio, empiezan a aparecer jirones de su dinámica en la correspondencia, en los artículos que remite a las *Acta Eru-*

---

[46] Véase A. Robinet, G.W. *Leibniz Iter Italicum. La dynamique et la République des Lettres*, 1988.

[47] Véase *Carta a Johann Bernoulli* del 8-18 de marzo de 1696, MS, III/I, pp. 259-260.

[48] Véase la reproducción facsimilar que aparece en *Leibniz' Dynamica*, 1984, p. 25.

ditorum, al *Journal de Sçavants*, al *Journal de Trevoux*... En un par de ocasiones redacta *Ensayos* que resumen la doctrina y tratan de presentarla de un modo ordenado para convencer a los entendidos. Sigue pensando en los cartesianos, que dominan la más poderosa institución científica del momento, la Academia de Ciencias de París, y sobre todo en su figura más prestigiosa, Malebranche, que no se ha mostrado del todo insensible a sus ideas. Para él y sus amigos compondrá el *Ensayo* de 1692 (que también figura en esta recopilación). No pudiendo contar con la predisposición favorable de estos personajes, apenas revela nada del transfondo metafísico que hay tras la dinámica; se limita a reformular con toda la precisión y claridad de que es capaz los argumentos que opone a la mecánica de Descartes.

Tres años después publica en la revista de Leipzig la primera parte del *Espécimen dinámico* (cuya traducción igualmente ofrecemos), que contiene en apretada síntesis casi todos los motivos que han inspirado la creación de la nueva disciplina. Hay allí una recapitulación de la trayectoria que, partiendo de las primeras incursiones en la filosofía mecánica, ha conducido hasta las más recientes conquistas teóricas. A pesar de un aparente desorden expositivo, Leibniz consigue plasmar con admirable eficacia las líneas de fuerza que dan consistencia a su teoría, sin esconder las resonancias filosóficas del tema y buscando apoyo en las sugestiones del cálculo infinitesimal.

Realmente, aquello era más de lo que el público, e incluso el círculo de sus más adictos seguidores, podía asumir, y no resulta extraño que desistiera de publicar la segunda parte.

La última composición recogida es una redacción tardía del *Ensayo de dinámica*, sustancialmente distinta de la anterior. Poco a poco, algunos autores van cediendo ante la insistencia de Leibniz. Malebranche acaba por darle toda la razón en 1698, pero sin sumarse a la pretensión de traspasar los límites de la mecánica. Ante tan exiguos resultados, nuestro hombre se consuela pensando que la doctrina que propugna acabará por imponerse, y expone otra parte sustancial de su pensamiento, la *teoría de la acción motriz*. En los años que siguen, la atención del filósofo se desplaza hacia cuestiones más abstractas o bien hacia temas con una repercusión práctica más inmediata. No obstante, la dinámica permanecerá siempre como un hito fundamental en la construcción de su sistema, el punto de apoyo que hay que buscar para elevarse de la chata exploración de los fenómenos a la más ambiciosa indagación de sus porqués.

VI. PROYECCIÓN HISTÓRICA DE LA DINÁMICA LEIBNIZIANA

¿Cómo ha influido la obra de Leibniz en el desarrollo de la física matemática? La consecuencia inmediata que produjo fue la polémica de las fuerzas vivas, a cuyos primeros episodios ya me he referido. Si nos atenemos a este dato, no parece que se pueda decir mucho en favor de su aportación desde una perspectiva estrictamente científica, porque esta polémica ha sido juzgada de un modo bastante severo por casi todos los historiadores de la mecánica[49]. Más todavía: a diferencia de otros casos, en los que la valoración ha variado sensiblemente a través de las diversas etapas de la historiografía, esta controversia ha padecido una mala prensa constante desde que d'Alembert puso oficialmente término a la misma. Muchos estudiosos, tanto del siglo XVIII[50], como los del XIX[51] y XX[52], se han pronun-

---

[49] He tratado extensamente la polémica de las fuerzas vivas en mi comentario al libro de Kant *Pensamientos sobre la verdadera estimación de las fuerzas vivas* (Peter Lang Verlag, Bern, 1988, pp. 239-293). Allí se encuentra la documentación que apoya la mayor parte de las afirmaciones que formulo a continuación.

[50] Véase J. Ch. Arnoldt, *Dissertatio physico-historica II: De viribus earumdenque mensura*, Tetzschnerianis, Erlangen, 1754.

[51] Véase J.K. Fischer, *Geschichte der Physik*, 1801-1808, vol. IV, pp. 96-114.

[52] Véase I. Szabó, *Geschichte der mechanischen Prinzipien*, 1979, pp. 45-85.

ciado en sentido negativo a la hora de valorar la repercusión de estas discusiones para el desarrollo de la mecánica y de las ciencias físico-matemáticas en general. Según ellos, nuestros antepasados habrían perdido lamentablemente el tiempo durante más de cincuenta años, seducidos por los cantos de sirena de Leibniz y sus discípulos. El naufragio definitivo de una disciplina tan brillantemente iniciada por Galileo y Newton sólo se habría evitado a última hora, gracias a la decidida intervención del espíritu positivo de los grandes mecánicos de la Ilustración, como d'Alembert, Euler y Lagrange, los cuales habrían arrebatado la posesión de esta herencia a los indignos cultivadores de una física trasnochada, embebida de metafísica y estancada en vacías distinciones terminológicas.

Teniendo esto en cuenta, resulta ahora obligado hacer algunas reflexiones de índole epistemológica sobre este denostado momento supuestamente especulativo y escolastizante, situado en el tránsito en dos de las etapas más brillantes de la historia de la mecánica: el Barroco y la Ilustración. Es cierto que la resonancia de los nombres de Galileo, Huygens, Newton, d'Alembert, Euler y Lagrange hace palidecer de entrada la relevancia del oscuro intermedio a que me refiero. Sin embargo, si no nos conformamos con las informaciones extrañamente repetidas y sospechosamente incompletas que encontramos en los manuales al uso, es posible que lleguemos a conclusiones algo diferentes.

Recordemos en primer lugar un par de datos para centrar nuestro examen. La polémica de las fuerzas vivas se inicia más o menos en la misma época en que Newton publica sus *Principia*, y se entabla entre Leibniz y un par de seguidores no muy descollantes de la física cartesiana, Catelan y Papin. Al principio tiene un alcance muy restringido: ni siquiera intervienen en ella los máximos representantes de la escuela de Descartes, como Régis y Fontenelle. Huygens, que todavía vivía y se había ocupado en varias ocasiones del problema, se abstuvo de mezclarse en la discusión, al igual que Newton, quien, como he señalado, atravesaba entonces el mejor momento de su carrera científica. En cuanto a Leibniz, dio por concluido el pleito cuando creyó ganado para su partido a Malebranche.

La polémica no tuvo, en consecuencia, nada de extraordinario en esta primera fase; pero se recrudeció con gran ímpetu a principios del siglo XVIII, siendo bastante llamativo el balance de las partes contendientes: en contra de las fuerzas vivas se pronunció el grueso de la física cartesiana, encabezada esta vez por una de sus máximas figuras, Dortous de Mairan, y también los newtonianos ingleses, como Pemberton, Clarke y Jurin. Al favor del concepto pelearon, por supuesto, casi todos los leibnizianos, pero también los newtonianos holandeses, lo cual introduce una paradoja más en esta extraña historia.

No es la última. Si comparamos el peso intelectual y científico de los protagonistas, resulta un desequilibrio aún más sorprendente. La figura de Leibniz ha sido y es muy discutida entre los historiadores de la ciencia; sin embargo, no puede ni de lejos ser contrapesada por Catelan, un perfecto desconocido, ni tampoco por Papin, un ingeniero talentoso, pero bastante mediocre como teórico. En la segunda fase de la disputa, el partido leibniziano contó entre otros con los nombres de Johann y Daniel Bernoulli, Hermann, 'sGravesande y van Muschenbroek, que sin duda estaban en vanguardia del movimiento científico del momento, tanto en el aspecto teórico-matemático como en el experimental. En la parte contraria se alinearon, por un lado, un grupo de académicos franceses relativamente insignificantes para el progreso de la mecánica, ya que tenían mayor interés en observar las curiosidades de la naturaleza que en experimentar con rigor, y les preocupaban más las exigencias de la erudición y el estilo, que los fundamentos matemáticos de las teorías físicas. En cuanto a los newtonianos ingleses del XVIII, no pasan de ser epígonos del gran hombre, y en general fueron incapaces de emular a su maestro y de estar a la altura de los contrincantes.

La única explicación que encuentro para todo ello es que la polémica de las fuerzas vivas no fue en realidad una confrontación entre dos teorías en pugna, sino más bien el resultado de la oposición cerrada por parte de los que querían hacer escolástica (en el mal sentido del término), sea de la teoría de Descartes, sea de la de Newton, contra quienes pretendían desarrollar nuevas conceptualizaciones de la física al amparo de la inspiración leibniziana. Leibniz, en efecto, se diferencia en esto de Descartes y Newton: no tuvo nunca nadie que quisiera seguir sus doctrinas mecánicas al pie de la letra, lo cual es lógico si se tiene en cuenta que ni siquiera él mismo mantuvo una fidelidad incondicionada a sus propias reflexiones. Pocos, como hemos visto, han podido tener una evolución más rápida y accidentada que él en lo tocante a una ciencia que se considera el parangón de la exactitud y el rigor geométricos. Incluso en los trabajos de dinámica de los años ochenta y noventa puede verse cómo surgen de un escrito a otro nuevas ideas y conceptos, cómo propone nuevas leyes, modifica el entramado de sus argumentaciones y altera la arquitectura de sus principios. Dentro de los físicos influidos por él se puede detectar por lo demás una notoria falta de unidad: muy poco tiene que ver la nueva teoría del choque de 'sGravesande[53] con la doctrina de las fuerzas vivas de Johann Bernoulli[54], y apenas hay otras coincidencias que las terminológicas entre las tesis de éste y las de Wolff[55] o las de Bilfinger[56]. No hay, pues, unanimidad en la escuela leibniziana, ni se puede hablar de su «partido» más que figuradamente. Al menos en este caso, el «aire de familia» es el que puede existir entre parientes bastante alejados entre sí.

Todo esto nos lleva al contenido mismo de las discusio-

---

[53] Véase W.J. van 'sGravesande, «Essai d'une nouvelle théorie sur le choc des corps», *Journal littéraire*, 1722 (12), pp. 1-54.

[54] Véase Johann Bernoulli, *De vera notione virium vivarum*, AE, 1735, pp. 210-230.

[55] Véase Ch. Wolff, «Principia dynamica», *Comm. Petropolitanae*, 1726 (1), pp. 217-238.

[56] Véase G.B. Bilfinger, «De viribus corpori moto insitis et illarum mensura», *Comm. Petropolitanae*, 1726 (1), pp. 43-120.

nes. La polémica en su conjunto está en función de la evolución del concepto de fuerza en los siglos XVII y XVIII, e incluso se puede decir que responde a la necesidad urgente de conceptualización sistemática y rigurosa que experimenta la mecánica a fines del Barroco. La matematización de la física alteró por completo la forma de definir y entender los conceptos teóricos. El desarrollo y conflicto de diversos modelos de comprensión de los procesos e interacciones naturales aumentaron todavía más la trascendencia e implicaciones de manejar unas ideas u otras. Además, el carácter «abierto» de la mecánica de entonces, y el apremio de seguir avanzando en la dilucidación de múltiples cuestiones no resueltas, hicieron inviable la pretensión de trabajar con nociones unívocas exentas de connotaciones de todo tipo.

Leibniz quería una física no extensional, y por ello arremetió contra la identificación que habían consumado los cartesianos entre la cantidad de movimiento y la capacidad del móvil para modificar el estado de los demás cuerpos. Por otra parte, y a diferencia de Newton, no podía aceptar que espacio y tiempo, entes relacionales claramente no sustanciales, fuesen la referencia absoluta del movimiento y las interacciones físicas. Por eso redefinió la noción de fuerza de modo que entroncara directamente con el sustrato sustancial que él otorgaba a los cuerpos. La fuerza habría de ser algo que determinase de modo autosuficiente, y por tanto absoluto, el estado cinemático de los cuerpos y la comunicación de impulsos, independientemente de cualquier referencia a un marco espacio-temporal (o sea, fenoménico). Hemos examinado las innegables connotaciones metafísicas de la idea leibniziana de fuerza. ¿Por qué, entonces, tuvo tal poder de atracción para las dos generaciones siguientes de científicos «positivos»? ¿Por qué incluso d'Alembert y Lagrange, que condenaron la polémica, conservaron la noción de fuerza viva como una parte esencial de la ciencia del movimiento?

Como tantas otras veces, ocurre que la separación entre física y metafísica en esta época es tan artificial, que cualquier interpretación que parta de su aceptación previa desemboca necesariamente en dificultades insuperables. Lo que llamamos *hechos* constituye un conjunto heterogéneo y difícilmente abarcable. Los conceptos que forjamos para subsumirlos y explicarlos guardan consigo unos lazos más o menos modulables. En muchos casos podemos decidir sobre su bondad, adecuación, verdad o utilidad, según sean o no buenos, adecuados, ciertos o útiles en la tarea a que se aplican. ¿Qué necesidad hay además de evaluarlos como físicos o metafísicos a partir de criterios inverosímiles sobre su distancia con respecto a los hechos o incluso por una pretendida transcendencia con respecto a ellos? Personalmente creo que, a no ser que se defienda un acceso privilegiado, intelectual, metasensible o de cualquier otra índole semejante a lo extramental, no hay idea o concepto que no proceda mediata o inmediatamente de los fenómenos sensibles. Por tanto, la definición de unos límites epistemológicos entre las formas del conocimiento es cuestión de convención y, por tanto, se basa en criterios relativos, que nunca pueden servir de pauta para juzgar sobre la bondad de su contenido, sino en todo caso al revés. Si Leibniz tuvo en cuenta la Bondad y Sabiduría divinas, o la imposibilidad de relaciones reales entre las mónadas, para concebir la teoría de la fuerza viva, es algo que no prejuzga el valor de la misma para la mecánica. Lo importante es que con ayuda de ella se pueda o no entender mejor los procesos cinemáticos. Incluso cabe pensar que lo mejor de su física es que se proyecta y apoya en una metafísica, porque, aunque así queden desdibujados los perfiles de la disciplina, gracias a ello consigue un inmenso potencial heurístico: no ha habido nunca otra física que encierre tantas sugerencias, tantas posibles hipótesis, tantos modelos de comprensión. Es algo que sabían bien los «científicos» de su tiempo, que no vacilaron en hacer uso de dicha teoría aun cuando no compartieran las concepciones leibnizianas sobre Dios o las sustancias.

Partiendo de los principios de la mecánica racional tal como se han ido decantando y han sido canonizados posteriormente, apenas cabe dudar de que la dinámica de Leibniz introdujo un matiz energicista en la noción de fuerza. Para él, lo que define la fuerza viva es la capacidad de los cuerpos para mantener un esfuerzo constante a lo largo de determinado trecho, elevando, por ejemplo, un peso a una cierta altura. Cualquier físico matemático puede confirmar que este modo de conectar el ejercicio de la fuerza con el espacio, en lugar de hacerlo con el tiempo, es extraordinariamente útil para estudiar determinado tipo de procesos, y que es capaz de enriquecer la capacidad de descripción y predicción de las teorías mecánicas. Pero eso no es todo. Ciertas limitaciones evidentes de las físicas cartesiana y newtoniana sólo pudieron ser superadas a través del impulso teórico obtenido por los debates suscitados por la dinámica leibniziana. La física extensional, por su repugnancia a admitir acciones que no pudieran resolverse en la idea clara y distinta de sustancia extensa, tuvo que reducir su ámbito de consideración a la especificación cuantitativa unidimensional del movimiento, dejando fuera de su competencia directa lo que se refiere a la determinación del movimiento, es decir, la dirección y sentido del mismo, que, como hemos visto, no intervienen en la definición cartesiana de cantidad de movimiento. Esta indeterminación cualitativa de la orientación del movimiento es lo que hace compatible el a primera vista riguroso mecanicismo cartesiano con intervenciones arbitrarias de la sustancia pensante en el mundo material, y convierte en pura metáfora la explicación que da de los hechos naturales. Así llega a darse la insólita circunstancia de que el concepto cartesiano de fuerza da pie a una física mecanicista que no está reñida con el espiritualismo y que, a pesar de su marchamo matematicista, es incapaz de cuantificar con exactitud sus leyes y principios.

También Newton dejó mucho que desear en este terreno. Su concepto de fuerza está perfectamente definido en lo que respecta al estudio de los efectos de la aplicación de una acción dinámica, pero nada o muy poco dice sobre las fuentes de la misma, razón por la que, junto a las fuerzas mecánicas de contacto y a la atracción universal gravitatoria, aparecen en su física toda suerte de principios activos, difícilmente controlables y prácticamente inasequibles a un estudio matemático. No es una casualidad que él y sus seguidores acudan con toda naturalidad al concurso extraordinario de Dios para restablecer la pérdida de movimiento que su teoría de las acciones mecánicas prevé para el conjunto del universo. Más todavía, ni siquiera se puede decir que tal suerte de intervención sobrenatural suspenda siquiera por un momento la vigencia de las leyes newtonianas, ya que, si el principio de igualdad de la acción y la reacción excluye la posibilidad de que un ser carente de masa pueda ejercer una fuerza sobre un cuerpo cualquiera, nada impide que aplique un par de fuerzas contrapuestas, dejando intacta la cantidad de movimiento del sistema, pero aumentando el movimiento efectivo (la fuerza viva) del mismo.

Es indudable que Leibniz apuntaba con sus principios, por encima de sus indiscutibles limitaciones, a la superación de estas deficiencias. También lo es que el moderno concepto de energía cinética deriva directamente de su fuerza viva, idea que representó en la física del siglo XIX un concepto-puente decisivo entre la mecánica y otras partes de la física, como la termodinámica y la teoría electromagnética. Pero no hace falta acudir a referencias tan remotas para justificar la importancia que reviste. El gigantesco esfuerzo de exploración de las posibilidades de la mecánica newtoniana y de sistematización de sus principios llevado a cabo por los mecánicos de la temprana Ilustración, que en su mayoría utilizaron los conceptos dinámicos y las técnicas calculísticas de Leibniz, representa con seguridad el punto de partida y el sostén de las grandes sistematizaciones de Lagrange y Laplace, como Truesdell y otros historiadores recientes han señalado[57]. Distinguir con toda clase de alambicamientos lo que serían las contribuciones positivas de su trabajo (principio de los trabajos virtuales, ecuaciones generales de la hidráulica, etcétera) de una pretendida «ganga» filosófica

---

[57] Véase C. Truesdell, *Ensayos de historia de la mecánica*, Tecnos, Madrid, 1975, pp. 89-174.

sin interés, como sus discusiones sobre el concepto y medida de la fuerza, es tan antihistórico como gratuito, puesto que al fin y al cabo fue la filosofía que exhibieron en estas discusiones lo que les permitió llegar a las formulaciones teóricas y descubrimientos experimentales tan celebrados por otra parte. En este sentido, nada como el estudio del pensamiento dinámico de Leibniz y sus seguidores, para averiguar las connotaciones extrateóricas de los conceptos empleados por los físicos de la época, y también los modelos intuitivos de comprensión subyacentes, antes de que la mecánica se desviase hacia la elegancia, pero acaso también hacia la esterilidad, de una concepción meramente analítica.

VII. OBSERVACIONES SOBRE LA TRADUCCIÓN

Pongo punto final a este estudio preliminar con un par de indicaciones sobre el material que ofrecemos a continuación. En primer lugar aparece una relación bibliográfica que, sin ánimo de ser exhaustiva, quiere ofrecer un panorama representativo de la investigación realizada en el campo que nos ocupa.

A continuación encontrará el lector los textos de Leibniz. El profesor Marcelino Rodríguez ha realizado traducción de la *Breve demostración* y las dos partes del *Espécimen dinámico*, y yo me he encargado de la *Réplica* de Catelan, las *Respuestas* de Leibniz y los dos *Ensayos de dinámica*. Hemos procurado ofrecer una versión máximamente ajustada, sacrificando la elegancia de estilo a la fidelidad. Se indica al margen del texto la paginación correspondiente a las ediciones que hemos tomado como base, señalando con barras el comienzo, exacto de cada página en los escritos traducidos del francés. Asimismo, han sido numerados los párrafos de los escritos que carecen de epígrafes, para facilitar la localización de su contenido, siguiendo el ejemplo de la edición latino-alemana del *Espécimen*.

Aparte de ello, he incluido notas a pie de página en los

lugares que me han parecido convenientes, para aclarar algunas cuestiones abordadas por Leibniz y los pasajes de dudosa interpretación, e informar sobre sus fuentes, alusiones y referencias explícitas o implícitas.

RECONOCIMIENTOS

Para realizar este trabajo he contado con una ayuda de la Consejería de Educación de la Junta de Andalucía, gracias a la cual he podido trabajar en la Universidad de Maguncia durante el verano de 1990. Esta institución subvenciona también el grupo de investigación «Los orígenes del idealismo alemán», del que he obtenido igualmente diversos recursos. Durante mi estancia en Alemania he recibido asesoramiento y apoyo en todos los órdenes por parte del profesor Otto Saame. La profesora Montserrat Negre me ha asistido en el cotejo de la traducción. El señor Manuel Luna ha llamado la atención sobre algunos errores que se habían deslizado en el original.

BIBLIOGRAFÍA

I. SIGLAS Y ABREVIATURAS EMPLEADAS EN LA BIBLIOGRAFÍA Y EN LAS NOTAS

Las abreviaturas empleadas para las series y revistas corresponden a las utilizadas en el *Répertoire bibliographique de la philosophie* de Lovaina, excepto:

AE: *Acta eruditorum*, Leipzig.
Dutens: *G.W. Leibnitii Opera Omnia*, ed. L. DUTENS.
JS: *Journal de Sçavants*, París.
MS: *Mathematische Schriften*, ed. GERHARDT.

PS: *Philosophische Schriften*, ed. GERHARDT.
SL: *Studia Leibnitiana*, F. Steiner, Stuttgart.
SSB: *Sämtliche Schriften und Briefe*. Ed. de la Academia prusiana de Ciencias, Darmstadt, 1923 y ss.

En la relación que sigue aparecen los principales escritos de Leibniz sobre dinámica, excluyendo la correspondencia, recensiones y esbozos. El apartado II contiene las ediciones utilizadas, tanto generales como de escritos aislados. Algunas ediciones empleadas ocasionalmente no figuran allí, en cuyo caso los datos bibliográficos pertinentes se indican en los lugares respectivos.

Las obras de científicos y filósofos clásicos y de la época tampoco aparecen en la bibliografía. Los más importantes son citados por las ediciones usuales, y los restantes, por las que se señalan en la primera nota que les hace referencia.

El último apartado contiene los títulos que, no tratando directamente de la dinámica leibniziana, han sido utilizados, citados o mencionados en la introducción o en las notas de la traducción.

II. PRINCIPALES ESCRITOS DE LEIBNIZ SOBRE DINÁMICA

Hypothesis Physica Nova, Küchler, Mainz, 1671; Martyn, London, 1671; MS, VI, pp. 17-59; PS, IV, pp. 177-221; SSB, VI, 2, pp. 219-257.
Theoria motus abstracti, Mainz, 1671; Martyn, London, 1671; MS, VI, pp. 61-80; PS, IV, pp. 221-241; SSB, VI, 2, pp. 157-185, 258-275.
Summa Hypotheseos physicae novae, SSB, VI, 2, pp. 326-377.
Propositiones quaedam physicae, 1672, SSB, VI, 3, pp. 4-72.
Principia mechanica, 1673-1676, SSB, VI, 3, pp. 101-114.
Demonstrationes novae de Resistentia Solidorum, AE, 1684; MS, VI, pp. 106-112.
Demonstratio Geometrica Regulae apud Staticos receptae de momentis gravium in planis inclinatis, AE, 1685; MS, VI, pp. 112-117.
Brevis Demonstratio Erroris memorabilis Cartesii et aliorum circa Legem naturalem, AE, 1686; MS, VI, pp. 117-123.
Illustratio ulterior objectionis contra Cartesianam naturae legem, MS, VI, pp. 123-128.
Animadversiones in partem generalem Principiorum Cartesianorum, PS, IV, pp. 350-392.
Principium quoddam Generale non in Mathematicis tantum sed in Physicis utile, MS, VI, pp. 129-135.
Tentamen de Motuum Coelestium causis, AE, 1689; MS, VI, pp. 144-161.
Tentamen de Motuum Coelestium causis (segunda redacción), MS, VI, pp. 161-187.
Dynamica de Potentia et Legibus Naturae corporeae, MS, VI, pp. 276-514.
De Causa gravitatis, AE, 1690, MS, VI, pp. 193-203.

De Legibus Naturae et vera aestimatione virium motricium contra Cartesianos, AE, 1691; MS, VI, pp. 204-215.
Essay de Dynamique, Oeuvres, ed. Foucher de Careil, vol. I, 1859; ed. de P. Costabel, pp. 97-106.
Essay de Dynamique sur les loix du mouvement, MS, VI, pp. 215-231.
Règle générale de la composition des mouvements, JS, 1693; MS, VI, pp. 231-233.
Deux problèmes construits par G.G.L., en employant sa règle générale de la composition des mouvements, JS, 1693; MS, VI, pp. 233-234.
Specimen Dynamicum (1.ª parte), AE, 1695; MS, VI, pp. 234-246; ed. Dosch y otros, pp. 2-37.
Specimen Dynamicum (1.ª redacción de la 1.ª parte), ed. Dosch y otros, pp. 64-90.
Specimen Dynamicum (2.ª parte), MS, VI, pp. 246-254; ed. Dosch y otros, pp. 38-63.
Illustratio Tentaminis de Motuum Coelestium causis (1.ª parte), MS, VI, pp. 254-266.
Illustratio Tentaminis de Motuum Coelestium causis (2.ª parte), MS, VI, pp. 266-276.
De Ipsa Natura, Sive De Vi Insita, Actionibusque Creaturarum; pro Dynamicis suis confirmandis illustrandisque, AE, 1698, PS, IV, pp. 504-516.
Excertum ex Epistola Autoris, quam pro sua Hypothesi physica motus planetarii ad amicum scripsit, AE, 1706; MS, VI, pp. 276-280.

III. EDICIONES GENERALES Y DE ESCRITOS AISLADOS DE IMPORTANCIA PARA LA DINÁMICA. TRADUCCIONES

G.W. Leibnitii Opera Omnia, ed. de L. DUTENS, Genève, 1768, 6 vols.
Mathematische Schriften, ed. de C.I. GERHARDT, Halle, 1860; Reprint: G. Olms, Hildesheim, 1971.
Die philosophischen Schriften von G.W. Leibniz, ed. de C.I. GERHARDT, Berlin, 1875 y ss.; Reprint: Olms, Hildesheim, 1960.
GERHARDT, C.I.: «Zu Leibniz' Dynamik», *Archiv f. Gesch. d. Philos.*, 1888 (1), pp. 566-581.
Briefwechsel mit Papin, ed. de E. GERLAND, 1881; Reprint: Sändig, Wiesbaden, 1966.
Leibnizens nachgelassene Schriften physikalischen, mechanischen und technischen Inhalts, ed. de E. GERLAND, Teubner, Leipzig, 1906; Reprint: Johnson, New York, 1973.
Sämtliche Schriften und Briefe. Ed. de la Academia prusiana de Ciencias, Darmstadt, 1923 y ss.
Malebranche et Leibniz. Relations personelles, ed. de André ROBINET, Vrin, Paris, 1955 [Chaps. IV, V, VII, pp. 243-308; 327-346].
Leibniz et la dynamique en 1692. Textes et commentaires, ed. de Pierre COSTABEL, Hermann, Paris, 1969; Vrin, Paris, 1981.

Discours de métaphysique, ed. de Henri LESTIENNE, Vrin, Paris, 1970.
Marginalia in Newtoni Principia mathematica (1687), ed. de E.A. FELLMANN, Vrin, Paris, 1973.
«G.W. Leibniz: dinamica e teologia. Il carteggio inedito con Jacques Lenfant (1693)», *G. crit. Filos. ital.*, 1982 (61), pp. 278-322, 322-329.
Specimen dynamicum (lat.-alem.), ed. de H.G. DOSCH, G.W. MOST y E. RUDOLPH, Meiner, Hamburg, 1982.
Oeuvre concernant la physique, trad. de J. PEYROUX, Blanchard, Paris, 1985.

IV. ESTUDIOS SOBRE LA DINÁMICA LEIBNIZIANA

Si las obras reseñadas abarcan una temática más amplia, se indican entre corchetes ([]) las partes que interesan. Cuando aparecen recogidas varias ediciones, se señala la que sirve de referencia mediante un asterisco (*).

AGASSI, Joseph: «Leibniz's place in the history of physics», *J. Hist. Ideas*, 1969 (30), pp. 331-344.
AITON, Eric J.: «The application of the infinitesimal calculus to some physical problems by Leibniz and his friends», SL, Sonderheft, 1986, vol. 14, pp. 133-143.
ALLEN, Diogenes: *Mechanical explanation and the ultimate origin of the universe according to Leibniz*, Steiner, Wiesbaden, 1983.
— «From vis viva to Primary Force in Matter», en *Leibniz' Dynamica*, 1984, pp. 55-61.
ARTHUR, Richard T.W.: «Leibniz' theory of time», en OKTUHLIK (ed.), *The natural philosophy of Leibniz*, 1985, pp. 263-313.
— «On the unappreciated novelty of Leibniz's spatial relationalism», en *Leibniz. Tradition und Aktualität*, I, pp. 26-33.
BALLARD, Kaith E.: «Leibniz's theory of space and time», *J. Hist. Ideas*, 1960 (21), pp. 49-65.
BELAVAL, Yvon: *Leibniz critique de Descartes*, Gallimard, Paris, 1960; 2.ª ed., 1978* [III Partie, «La vision du monde», pp. 371-526].
— «Note sur la pluralité des espaces possibles d'après la philosophie de Leibniz», *Persp. Philos.*, 1978 (4), pp. 9-19.
BERSTEIN, Howard R.: «Passivity and inertia in Leibniz's dynamics», SL, 1981 (13), pp. 97-113.
— «Leibniz and Huygens on the "Relativity" of Motion», en *Leibniz' Dynamica*, 1984, pp. 85-102.
BERTOLONI MELI, Domenico: «Kepler and Leibniz», en *Leibniz. Tradition und Aktualität*, 1988, II, p. 88-94.
BERTRAM, Günter: «Leibniz und das Prinzip der stationären Wirkung», SL, Supplementa, vol. 21, 1980, pp. 158-166.

BLAY, Michel: «Sur quelques aspects du traitement leibnizien des problèmes du mouvement vers 1690», en *Leibniz. Tradition und Aktualität*, 1988, I, pp. 82-89.

BÖHME, Gernot: *Zeit und Zahl. Studien zur Zeittheorie bei Platon, Aristoteles, Leibniz und Kant*, Klostermann, Frankfurt, 1974.

BONSIEPEN, Wolfgang: «Die Ausbildung einer dynamischen Atomistik bei Leibniz, Kant und Schelling und ihre aktuelle Bedeutung», *Allg. Z. Phil.*, 1988 (13), núm. 1, pp. 1-20.

BOS, H.J.M.: «The influence of Huygens on the formation of Leibniz' ideas», SL, Supplementa, vol. 17, 1978, pp. 59-68.

BREGER, Herbert: «Elastizität als Strukturprinzip der Materie bei Leibniz», en *Leibniz' Dynamik*, 1984, pp. 112-121.

— «Leibniz, Weyl und das Kontinuum», SL, Supplementa, vol. 26, 1986, pp. 316-330.

BREGMAN, Robert: «Leibniz and atomism», *Nature Syst.*, 1984 (6), pp. 237-248.

BREYMAN, V.M.: «Le déterminisme leibnizien», *Arch. int. Hist. Sc.*, 1976 (26), pp. 254-263.

BROAD, C.D.: «Leibniz' last controversy with the Newtonians», en WOOLHOUSE (ed.), *Leibniz. Metaphysics and philosophy of science*, 1981, pp. 157-174.

BROWN, Gregory: «*Quod ostendendum susceperamus*. What did Leibniz undertake to show in the Brevis demonstratio?», en *Leibniz' Dynamica*, 1984, pp. 122-137.

BRUNET, Louis: «La conception leibnizienne du lieu et de l'espace», *Laval théol. philos.*, 1979 (35), pp. 263-277.

BUTTS, R.E.: «Leibniz' monads. A heritage of gnosticism and a source of rational science», *Can. J. Philos.*, 1980 (10), pp. 47-62.

CAPEK, Milic: «Leibniz's thought prior to the year 1670: from atomism to a geometrical kinetism», *Rev. int. Philos.*, 1966 (20), pp. 76-77; 249-256.

CARIOU, M.: *L'atomisme. Trois essais: Gassendi, Leibniz, Bergson et Lucrèce*, Aubier-Montaigne, Paris, 1978.

CARVIN, Walter P.: «Leibniz on motion and creation», *J. Hist. Ideas*, 1972 (33), pp. 425-438.

CEKIC, Miodrag: «Leibniz und die Mathematiker des 17. Jahrhunderts», SL, Supplementa, vol. 21, 1980, pp. 119-128.

CIONE, Edmondo: «Suggestioni scientifiche per la filosofia nel pensiero di Leibniz», *Sophia*, 1964 (32), pp. 299-319.

COSTABEL, Pierre: «L'Essay de dynamique de Leibniz en 1692», en *Act. VIII Congr. int. Hist. Sc.*, Hermann, Paris, 1958, vol. I, pp. 25-28.

— «Contribution a l'étude de l'offensive de Leibniz contre la philosophie cartésienne en 1691-1692», *Rev. int. Philos.*, 1966 (20), pp. 264-287.

— «Notes fugitives sur l'absolu et le relativ chez Leibniz et Newton», *Arch. int. Hist. Sc.*, 1974 (24), pp. 112-121.

COX, Chana B.: «A defense of Leibniz's spatial relativism», *Stud. Hist. Philos. Sc.*, 1975 (6), pp. 87-111.

CHÂTELET, Gilles: «Le retour de la monade. Quelques réflexions sur calcul différentiel et mécanique quantique», *Fund. sc.*, 1985 (6), pp. 327-347.

DUCHESNEAU, François: «The problem of indiscernibles in Leibniz's 1671 mechanics», en OKTUHLIK (ed.), *The natural philosophy of Leibniz*, 1985, pp. 7-26.

— «Leibniz et l'hypothese corpusculaire selon Locke», en *Leibniz. Tradition und Aktualität*, 1988, I, pp. 205-212.

DUGAS, René: *Histoire de la mécanique*, Griffon, Neuchâtel, 1950.

— *La mécanique au XVIIe siècle*, Griffon, Neuchâtel, 1954 [Chap. XIV, pp. 460-520].

EARMAN, John: «Leibnizian space-times and Leibnizians algebras», en *Proceedings of the 5th. int. congr. of logic*, Reidel, Dordrecht, 1977, vol. IV, pp. 93-112.

ÉCOLE, Jean: «Cosmologie wolffienne et dynamique leibnizienne. Essai sur les rapports de Wolff avec Leibniz», *Et. philos.*, 1964 (19), pp. 3-9.

FOX, Michael: «Leibniz's metaphysics of space and time», SL, 1970 (2), pp. 29-55.

FOUKE, Daniel: «The active principles of Leibnizian bodies in the middle of the Paris period», en *Leibniz. Tradition und Aktualität*, 1988, I, pp. 271-278.

FRANKEL, Louis: «Leibniz on foundations of space and time», *Nature Syst.*, 1981 (3), pp. 91-98.

FREUDENTHAL, Gideon: «Newton und Leibniz: Partikel- und Systemmechanik, ihre philosophischen Voraussetzungen und Kosequenzen», en *Leibniz' Dynamica*, 1984, pp. 37-48.

GALE, George: «The physical theory of Leibniz», SL, 1969 (1), pp. 114-127.

— «Leibniz' dynamical methaphysics and the origins of the vis viva controversy», *Systematics*, 1973-74 (11), pp. 184-207.

— «Leibniz and some aspects of field dynamics», SL, 1974 (6), pp. 28-48.

— «Leibniz, Chew and Wheeler on the identity of the physical and philosophical inquiry», *Rev. Meta.*, 1975-1976 (29), pp. 322-333.

— «Theory and practice in science. Leibniz, conservation principles, and the gap between theory and experiment», SL, Supplementa, vol. 22, 1981, pp. 8-16.

— «Leibniz' Force: Where physics and metaphysics collide», en *Leibniz' Dynamica*, 1984, pp. 62-70.

— «Leibniz and contemporary cosmology: theories of multiunivers», en *Leibniz. Tradition und Aktualität*, 1988, I, 280-287.

GALLI, Mario: «Sulle idee di Leibniz circa la legge di conservazione delle forze vive», *Bollettino della unione matematica italiana*, 1956 (11), pp. 445-456.

GARBER, Daniel: «Mind, body and the laws of nature in Descartes and Leibniz», *Midw. Stud. Philos.*, 1983 (8), pp. 105-133.

— «Leibniz and the foundations of physics. The middle years», en OKTUHLIK (ed.), *The natural philosophy of Leibniz*, 1985, pp. 27- 130.

GIUCULESCU, Alexandru: «L'heritage leibnizien et la pensée scientifique contemporaine en France», SL, 1974 (6), pp. 76-92.

GREN, M. y RAVETZ, J.R.: «Leibniz's cosmic equation. A reconstruction», *J. Philos.*, 1962 (59), pp. 141-146.

GRIGORIAN, Asot T.: «Über die grundlegenden Ideen der Mechanik von Leibniz», SL, Supplementa, vol. 2, 1969, pp. 113-118.

GRIGORIAN, Asot T. y KIRSANOV, V.S.: «The spread of Leibniz's conceptios and the *vis viva* controversy in the St. Petersburg Academy of Sciences», SL, Supplementa, vol. 17, 1978, pp. 233-241.

GROSHOLZ, Emily: «Leibniz's Unification of Geometry with Algebra and Dynamics», en *Leibniz' Dynamica*, 1984, pp. 198-208.

GUEROULT, Martial: *Dynamique et métaphysique leibniziennes*, Les Belles Lettres, Paris, 1934; 2.ª ed.: *Leibniz. Dynamique et métaphysique*, Aubier-Montaigne, Paris, 1967*.

HACKING, Ian: «Why motion is only a well-founded phenomenon», en OKTUHLIK (ed.), *The natural philosophy of Leibniz*, 1985, pp. 131-150.

HANNEQUIN, A.: «La philosophie de Leibniz et les lois du mouvement», *Rev. mét. mor.*, 1906 (14), pp. 775-795.

HARTZ, Glenn A.: «Identity criteria for Leibnizian bodies», en *Leibniz. Tradition und Aktualität*, 1988, I, pp. 347-453.

HARZER, Paul: «Leibniz' dynamische Anschauungen», *Vierteljahreschr. f. wiss. Philos.u. Soziologie*, 1881 (5), pp. 265-295.

HEIMANN, P.M.: «Geometry and nature. Leibniz and J. Bernoulli's theory of motion», *Centaurus*, 1977 (21), pp. 1-26.

HELLER, M. y STARUSZKIEWICZ, A.: «A physicist's view on the polemics between Leibniz and Clarke», *Organon*, 1975, pp. 205-213.

HERRING, H.: «Über den Weltbegriff bei Leibniz», *Kantstudien*, 1966 (57), pp. 142-154.

HESS, Heinz-Jürgen: «Die unveröffentlichen naturwissenschaftliche und technischen Arbeiten von G.W. Leibniz aus der Zeit seines Parisaufenthaltes. Eine Kurzcharakteristik», SL, Supplementa, vol. 17, 1978, pp. 183-217.

HOFMANN, J.E.: «Leibniz und Wallis», SL, 1973 (5), pp. 245-281.

HOYER, U.: «Das Verhältnis der Leibnizschen und Keplerschen Himmelsmechanik», *Z. allg. Wiss.*, 1979 (10), pp. 28-34.

HÜBENER, Wolfgang: «Leibniz und die praedeterminatio physica», en *Leibniz. Tradition und Aktualität*, 1988, I, pp. 366-373.

HUNTER, Graeme: «Monadic relations», en OKTUHLIK, *The natural philosophy of Leibniz*, 1985, pp. 151-170.

ILTIS, Carolyn: «Leibniz and the vis viva controversy», *Isis*, 1971 (62), pp. 21-35.

JONES, H.W.: «Leibniz' cosmology and Thomas White's Euclides Physicus», *Arch. int. Hist. Sc.*, 1975 (25), pp. 277-303.

KAMBARTEL, Friedrich: «Der Satz vom zureichenden Grunde und das Begründungsproblem der Mechanik. Zu einer Bemerkung von Leibniz im 2. Schreiben an Clarke», *Z. philos. Forsch.*, 1966 (20), pp. 457-470.

KAULBACH, Friedrich: *Die Metaphysik des Raumes bei Leibniz und Kant*, Kölner, Köln, 1960.

— *Der philosophische Begriff der Bewegung. Studien zu Aristoteles, Leibniz und Kant*, Böhlau, Köln, 1965.

KOPPER, Margrit: «Leibniz' Raumbegriff. Eine philosophie-historische Betrachtug», en *Leibniz. Tradition und Aktualität*, 1988, I, pp. 432-439.

KOYRÉ, A. y COHEN, I.B.: «Newton and the Leibniz-Clarke correspondence», *Arch. int. Hist. Sc.*, 1962 (15), pp. 63-126.

LARIVIÈRE, Barbara: «Leibnizian relationalism and the problem of inertia», *Can. J. Philos.*, 1987 (17), pp. 437-447.

Leibniz' Dynamica. Symposion der Leibniz-Gesellschaft in der Evangelischen Akademie Loccum, 2. bis 4. Juli 1982, SL, Sonderheft 13, 1984.

Leibniz Werk und Wirkung. IV. Internationaler Leibniz-Kongress, Vorträge, 2 vols., Hannover, 1983.

Leibniz. Tradition und Aktualität. V. Internationales Leibniz-Kongress, Vorträge. 2 vols., Hannover, 1988,

LOEMKER, Leroy E.: «Boyle and Leibniz», *J. Hist. Ideas*, 1955 (16), pp. 22-43.

LORENTE, M.: «El relativismo espacio-temporal de Leibniz», *Pensamiento*, 1979, pp. 403-424.

LOUET, D.: «La critique de l'absolutisme newtonien chez Leibniz et Berkeley», *Rev. de métaph. et de mor.*, 1988 (93), pp. 447-468.

MACDONALD, George: «Leibniz's Phenomenalism and the Construction of Matter», en *Leibniz' Dynamica*, 1984, pp. 26-36.

— «Time and the monad», *Nature Sys.*, 1979 (1), pp. 103-109.

MADIGAN, Patrik S.: «Space in Leibniz and Whitehead», *Tulane Stud. Philos.*, 1975 (24), pp. 48-57.

MAINZER, Klaus: «Leibnizens Naturphilosophie und die modernen Naturwissenschaften», en *Leibniz. Tradition und Aktualität*, 1988, I, pp. 510-517.

MANDELLI, T.: «Dinamica e metafisica in Leibniz», *Riv. di filos. neoscol.*, 1947 (39), pp. 273-284.

MATHIEU, Vittorio: «Die drei Stufen des Weltbegriffes bei Leibniz», SL, 1969 (1), pp. 7-23.

MEURERS, J.: «Leibniz und das Problem des Atomaren», *Philos. nat.*, 1967-1968 (11), pp. 133-145.

MILHAUD, G.: «Les lois du mouvement et la philosophie de Leibniz», *Rev. philos. de la France et de l'étr.*, 1900 (50), pp. 346-360.

MILLER, Richard B.: «Leibniz on the interaction of bodies», *Hist. Philos. Quart.*, 1988 (5), pp. 245-255.

MOST, Glenn W.: «Zur Entwicklung von Leibniz' Specimen Dynamicum», en *Leibniz' Dynamica*, 1984, pp. 148-163.

MOUY, Paul: *Le développement de la physique cartésienne 1646-1712*, Vrin, Paris, 1934; Reprint: Arno Press, New York, 1981 [Chap. III, «Les physiques anticartésiennes de Leibniz et Newton», pp. 218-263].

NAËRT, É.: «Double infinité chez Pascal et monade», SL, 1985 (17), pp. 44-51.

NARTOP, Paul: «Leibniz und der Materialismus (1881)», SL, 1985 (17), pp. 3-14.

OKTUHLIK, Katheleen y BROWN James R. (eds.), *The natural philosophy of Leibniz*, Reidel, Dordrecht, 1985.

ORIO DE MIGUEL, Bernardino: «Leibniz und die "Physischen Monaden" von Fr. M. van Helmont», en *Leibniz. Tradition und Aktualität*, 1988, I, pp. 668-676.

OTTAVIANO, Carmelo: *Le basi fisico-metafisiche della filosofia di Leibniz*, Cedam, Padova, 1952; Muglia, Catania, 1956.

PALADIA, Roberto: «Natura e forza nel cartegio fra Leibniz e Sturm», en *Leibniz, Tradition und Aktualität*, 1988, I, pp. 693-694; II, pp. 289-297.

PAPINEAU, David: «The vis viva controversy», en WOOLHOUSE (ed.), *Leibniz. Metaphysics and philosophy of Science*, 1981, pp. 139-156.

PÄTZOLD, Detlev: «Leibniz' *specimen dynamicum* und das Problem einer Dialektik der Natur», *Ann. int. Ges. dial. Philos.*, 1986 (3), pp. 160-169.

PÉREZ DE LABORDA, Alfonso: *Leibniz y Newton*, UPS, Salamanca, 1977-1981, 2 vols. [II, «Física, filosofía y teodicea»].

PÉREZ DE TUDELA, J.: «Mecanicismo, finalismo y teoría del conocimiento en la crisis de las ciencias clásicas y actual. G.W. Leibniz y el principio bohriano de complementariedad», *Verd. Vida*, 1984 (42), pp. 195-217.

PERL, Magulla R.: «Physics and Metaphysics in Newton, Leibniz and Clarke», *J. Hist. Ideas*, 1969 (30), pp. 507-526.

POSER, Hans: «Apriorismus der Prinzipien und Kontingenz der Naturgesetze. Das Leibniz-Paradigma der Naturwissenschaft», en *Leibniz' Dynamica*, 1984, pp. 164-179.

PRIGOGINE, I., STENGERS, I. y PAHAUT, S.: «La dynamique, de Leibniz à Lucrèce», *Critique*, 1979 (35), pp. 35-55.

PROVENZALE, James: «Newton and Leibniz on the reification of space», *Kinesis*, 1979-80 (10), pp. 25-41.

RANEA, Alberto G.: «Calculationes, Galileo and the Misfortune of Leibniz' a priori demostration», en *Leibniz. Tradition und Aktualität*, 1988, I, pp. 785-793.

REICHENBACH, Hans: «Die Bewegungslehre bei Newton, Leibniz und Huygens», *Kantstudien*, 1924 (29), pp. 416-438.

RESCHER, Nicholas: «Monads and matter. A note on Leibniz's metaphysics», *Mod. Schoolman*, 1955 (32), pp. 172-175.

— «Leibniz and the plurality of space-time frameworks», *Rice Univ. Stud.*, 1977 (63), núm. 4, pp. 97-106.

— *Leibniz's metaphysics of nature. A group of essays*, Reidel, Dordrecht, 1981.

ROBINET, André: «Dynamique et fondements métaphysiques», en *Leibniz' Dynamica*, 1984, pp. 1-25.

— *G.W. Leibniz. Iter Italicum (mars 1689 - mars 1690). La dynamique de la République des Lettres. Nombreux textes inédits*, Olschki, Firenze, 1988.

— «Les surprises du *Phoranomus*», *Ét. philos.*, 1989, pp. 171-186.

RÖSENBERG, Ulrich: «Natura non facit saltus?», en *Leibniz' Dynamica*, 1984, pp. 189-197.

RUDOLPH, Enno: «Die Bedeutung des aristotelischen Entelechiebegriffs für die Kraftlehre von Leibniz», en *Leibniz' Dynamica*, 1984, pp. 49-54.

— «Die Einheit von Metaphysik und Physik. Zu Leibniz' Anfangsgründen der Naturphilosophie und Phänomenologie», *Philos. nat.*, 1986 (23), pp. 49-69.

RUSSELL, L.J.: «Leibniz on the metaphysical foundation of science», SL, 1977 (9), pp. 101-110.

RUTHERFORD, Donald: «The optimal mean: mechanism, vitalism and the intelligibility of matter», en *Leibniz. Tradition und Aktualität*, 1988, I, pp. 833-840.

SALAZAR, Ignacio: *Leibniz y el concepto de fuerza en el siglo XVII*, SPUS, Sevilla, 1986.

SAYRE-MCCORD, Geoffrey: «Leibniz, materialism, and the rational account of space and time», SL, 1984 (16), pp. 204-211.

SCHULTHESS, Daniel: «Une difficulté dans la doctrine leibnizienne du temps», en *Leibniz. Tradition und Aktualität*, 1988, I, pp. 878-882.

SIEGEL, Carl: *Geschichte der Deutsche Naturphilosophie*, Ak. Vg., Leipzig, 1913 [II Kap. «Dynamische Naturphilosophie: Leibniz», pp. 19-50].

SOLINAS, Giovanni: «La *Protogeae* di Leibniz ai margini della rivoluzione scientifica», en *Saggi sull'Illuminismo*, ed. de G. SOLINAS, STEF, Cagliari, 1973, pp. 7-70.

SPECTOR, Marschall: «Leibniz versus the Cartesians on motion and force», SL, 1975 (7), pp. 135-144.

STAAB, W.: «Die Leibnizsche Monadenlehre und die moderne Wissenschaft», *Philos. nat.*, 1969 (11), pp. 360-394.

STAMMEL, Hans: «Der Status der Bewegungsgesetze in Leibniz' Philosophie und die apriorische Methode der Kraftmessung», en *Leibniz' Dynamica*, 1984, pp. 180-188.

STARKEY, Lawrence H.: «The inherence of particles in universe, of force in plenum: Leibniz vis-à-vis relativistic cosmology and black-hole gravitation», en *Leibniz. Tradition und Aktualität*, 1988, I, pp. 940-947.

STAWAGUCHI, Shoitsu: «Über die Zweckursache in der Mechanik», *Ann. Jap. Assoc. Philos. Sc.*, 1985 (6), pp. 227-237.

TAGLIAFERRO, Robert C.: *The concept of matter in Descartes and Leibniz*, UNDP, Notre Dame, 1964.

TATON, René: «Lagrange et Leibniz. De la théorie des fonctions au principe de raison suffisante», SL, Supplementa, vol. 26, 1986, pp. 139- 147.

TOELLNER, Richard: «Haller und Leibniz. Zwei Universalgelehrte der Aufklärung», SL, Supplementa, vol. 12, 1973, pp. 249-260.

TREDER, H.-D.: «Descartes' Physik der Hypothesen, Newtons Physik der Prinzipien und Leibnizens Physik der Prinzipe», SL, 1982 (14), pp. 278- 286.

TURCK, D.: «The concept of motion in Leibniz' early philosophy and his influence on the development of his philosophical method», *Organon* (Warsaw), 1968 (5), pp. 113-126.

TYMINIECKA, Anna T.: *Leibniz' cosmological synthesis*, Van Gorkum, Assen, 1964; Humanities Press, New York, 1965.

VIOLETTE, René: «Rôle, portée et structure de la *Theorie du mouvement abstrait* dans la philosophie de Leibniz avant son séjour en France» en *Leibniz' Dynamica*, 1984, pp. 103-111.

WASCHKIES, Hans J.: «Leibniz' Korrespondenz mit G. Kirch und E. Halley. Leibniz als Vermittler astronomischer Daten an I. Newton», en *Leibniz. Tradition und Aktualität*, 1988, I, pp. 993-1000.

WEISÄCKER; C.F. von, y RUDOLPH, E. (ed.), *Zeit und Logik bei Leibniz. Studien zur Problemen der Naturphilosphie, Mathematik, Logik und Metaphysik*, Klett-Cotta, Stuttgart, 1989.

WESTFALL, Richard S.: «The problem of Force: Huygens, Newton, Leibniz», en *Leibniz' Dynamica*, 1984, pp. 71-84.

WHITTEMORE, Robert: «Dogma and sufficient reason in the cosmology of Leibniz», *Tulane Studies in Philosophy*, 1953 (2).

WILSON, Catherine: «Leibniz and atomism», *Stud. Hist. Philos. Sc.*, 1982 (13), pp. 175-199.

— «De ipsa natura. Sources of Leibniz's doctrines of force, activity and natural law», SL, 1987 (19), pp. 148-172.

WILSON, Margaret D.: «Leibniz and materialism», *Can. J. Philos.*, 1973-1974 (3), pp. 495-513.

— «Leibniz' dynamics and contingency in nature», en WOOLHOUSE (ed.), *Leibniz. Metaphysics and philosophy of science*, 1981, pp. 119- 138.

WINTERBOURNE, A. T.: «On the metaphysics of Leibnizian espace and time», *Stud. Hist. Philos. Sc.* 1982 (13), pp. 201-214.

WOOLHOUSE, R.S., (ed.), *Leibniz. Metaphysics and philosophy of science*, Oxford UP, London, 1981.

— «Leibniz's reaction to Cartesian interaction», *Proc. Arist. Soc.*, 1985-1986 (86), pp. 69-82.

V. OTROS ESTUDIOS CITADOS O MENCIONADOS

BRUNSCHVICG, Léon: *Les étapes de la philosophie mathématique*, Paris, Blanchard, 1972.

COSTABEL, Pierre: *Demarches originales de Descartes savant*, Vrin, Paris, 1982.

DIRCKS, Henry: *Perpetuum mobile: or, A History of the search for self-motive power, from the 13th. to the 19th. century*, London, 1861-1870, 2 vols.; Reprint: Israël, Amsterdam, 1968.

ELIA, Alfonsina d': *Christian Huygens. Una biografia intellettuale*, Franco Angeli, Milano, 1985.

FISCHER, J. K.: *Geschichte der Physik*, Röwer, Göttingen, 1801-1808, 8 vols.

FRIEDMANN, Georges: *Leibniz et Spinoza*, Gallimard, Paris, 1962.

GUHRAUER, G.E.: *Gottfried Wilhelm Freiherr von Leibniz*, Breslau, 1846; Reprint: Olms, Hildesheim, 1966, 2 vols.

Huygens en France, Vrin, Paris, 1982.

KANT, I.: *Pensamientos sobre la verdadera estimación de las fuerzas vivas*, trad. y comentario de J. ARANA, Peter Lang, Bern, 1988.

Mariotte, Savant et philosophe, Vrin, Paris, 1986.

MOREAU, Joseph: *L'Univers Leibnizien*, Vitte, Paris-Lyon, 1956.

MOUY, Paul: *Les lois du choc des corps d'après Malebranche*, Vrin, Paris, 1927.

MÜLLER, K. y KRÖNERT, G.: *Leben und Werk von G.W. Leibniz. Eine Chronik*, Klostermann, Frankfurt a. M., 1969.

RAVIER, E.: *Bibliographie des oeuvres de Leibniz*, Paris, 1937; Reprint: Olms, Hildesheim, 1966.

RÉTAT, Pierre: *Le Dictionnaire de Bayle et la lutte philosophique au XVIIIe siècle*, Les Belles Lettres, Paris, 1971.

ROBINET, André: *Malebranche de l'Académie des Sciences*, Vrin, Paris, 1970.

— «L'abbé de Catelan ou l'erreur au service de la verité», *Rev. d'hist. des sciences*, 1958 (11), pp. 289-301; 1960 (13), pp. 135-137.

SAAME, Otto: *El principio de razón en Leibniz*, Laia, Barcelona, 1987.

SZABÓ, I.: *Geschichte der mechanischen Prinzipien*, Birkhäuser, Basel, 1979.

TRUESDELL, C.: *Ensayos de Historia de la Mecánica*, Tecnos, Madrid, 1975.

ZWERGER, Max: *Die lebendige Kraft und ihr Mass, ein Beitrag zur Geschichte der Physik*, Lindauer, München, 1885.

ESCRITOS DE DINÁMICA

I. EL ORIGEN DE LA POLÉMICA DE LAS FUERZAS VIVAS

BREVE DEMOSTRACIÓN DEL MEMORABLE ERROR DE DESCARTES Y OTROS SOBRE LA LEY NATURAL, POR LA QUE QUIEREN QUE LA CANTIDAD DE MOVIMIENTO SEA CONSERVADA POR DIOS SIEMPRE IGUAL, DE LA CUAL ABUSAN INCLUSO EN LA MECÁNICA[1]

117 (1) Muchos matemáticos, al ver que la velocidad y la masa se compensan entre sí en las cinco máquinas simples, deducen en general la fuerza motriz a partir de la cantidad de movimiento, o bien el producto de multi-

[1] Artículo publicado en las *Acta Eruditorum* de Leipzig, marzo de 1686, pp. 161-163 (ediciones: Dutens III, pp. 180-182; MS, VI, pp. 117-119). En las *Nouvelles de la République des Lettres*, septiembre de 1686, pp. 996-999, apareció una traducción francesa con el título *Demonstration*

plicar la masa por la velocidad. O, hablando en términos más geométricos, sostienen que las fuerzas de dos cuerpos (de la misma especie) que se mueven y actúan igualmente, tanto en función de su masa como de su velocidad, son proporcionales a sus masas y velocidades. Así pues, siendo acorde a la razón que la suma de la potencia motriz de la naturaleza sea la misma y que no decrezca, puesto que observamos que no se pierde ni disminuye la fuerza de ningún cuerpo sin que se transmita a otro, ya que precisamente por eso el movimiento mecánico perpetuo no se da jamás, por lo que sin un nuevo impulso exterior ninguna máquina, ni siquiera el universo entero, puede aumentar su fuerza, se ha dado el caso de que Descartes, que consideraba equivalentes *la fuerza motriz* y *la cantidad de movimiento*[2], haya sostenido que Dios conserva la misma cantidad de movimiento en el mundo[3].

(2) Yo, con el fin de demostrar cuánta diferencia hay entre estas dos cosas, voy a suponer, en *primer lugar*, que un cuerpo que cae desde cierta altura adquiere una fuerza tal, que se vuelve a elevar de
118 nuevo, si su dirección es tal y nada externo lo impide: por ejemplo, un péndulo retornaría de modo preciso hasta la altura de la que ha partido, si no absorbiesen

---

courte d'un erreur considérable de M. Descartes, etc. La paginación indicada al margen corresponde al vol. VI de los *Mathematische Schriften* editados por Gerhardt.

[2] En realidad, la posición de Descartes es algo más complicada: «Pero se debe juzgar la cantidad de esta fuerza por la magnitud del cuerpo en que está, y de la superficie según la cual está separado este cuerpo de otro, y también por la velocidad del movimiento[...], y las maneras contrarias en que varios cuerpos se encuentran.» Descartes, *Principes de Philosophie*, II, § 43, *Oeuvres* A.T. IX-2, p. 88. Huygens también pone en duda que Descartes haya establecido tal equivalencia, en un manuscrito que comenta la *Brevis demonstratio*. Véase *Oeuvres complètes*, ed. Soc. Holl. de Sc., XIX, manuscrito F (1686), pp. 162-165.

[3] «Que Dios es la primera causa del movimiento, y que conserva siempre una misma cantidad del mismo en el universo.» Descartes, *Principes...*, II § 36, *Oeuvres* AT, IX-2, p. 83.

algo de su impulso la resistencia del aire y otros exiguos impedimentos similares, de los que ahora no nos vamos a ocupar. Supongo también, *en segundo lugar*, que es necesaria tanta fuerza para elevar un cuerpo A (fig. 1) de una libra de peso hasta una altura CD de

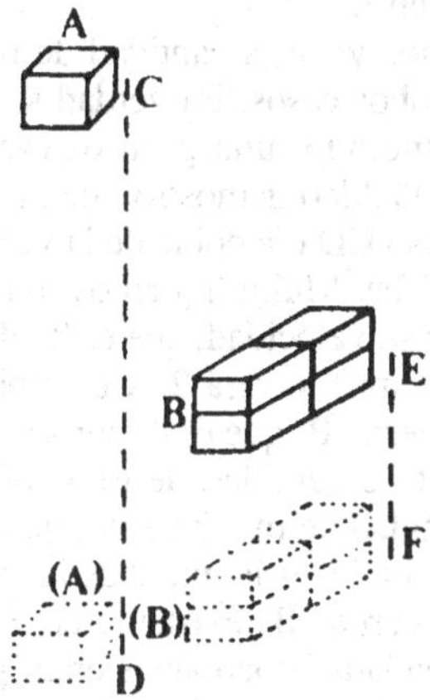

cuatro alnas[4], como la que hace falta para elevar un cuerpo B de cuatro libras hasta la altura EF de un alna. Esto lo admiten tanto los cartesianos como los otros filósofos y matemáticos de nuestra época[5]. De donde se deduce que el cuerpo A, al caer desde la altura CD, ha adquirido exactamente la misma fuerza que el cuerpo B desde EF. El cuerpo (A), en efecto, tras su desplazamiento llega desde C a D, donde tiene la capacidad de remontarse hasta C, por la supos. 1, o sea, la fuerza para elevar un cuerpo de una libra (es decir, el propio cuerpo) a una altura de cuatro alnas. Y,

[4] *Alna*: antigua medida de longitud, equivalente a un metro y veinte centímetros.

[5] Véase *Carta de Descartes a Cons. Huygens* del 5 de octubre de 1637, *Oeuvres* AT, I, pp. 435-436.

de igual modo, el cuerpo (B), desplazado desde E, llega a F, y allí se remonta hasta E, por la supos. 1; es decir, tiene la capacidad de elevar un cuerpo de cuatro libras (es decir, el propio cuerpo) hasta una altura de un alna. Por tanto, en virtud de la supos. 2, son iguales la fuerza del cuerpo (A) que está en D y la del cuerpo (B) que está en E.

(3) Veamos ya si la cantidad de movimiento es la misma en ambos casos. En verdad se encontrará aquí, contra lo esperado, una gran discrepancia. Lo que muestro así. Galileo demostró que la velocidad adquirida en el lapso CD era doble de la velocidad adquirida en el lapso EF[6]. Multipliquemos, pues, el cuerpo A, que es 1, por su velocidad, que es 2: el producto o cantidad de movimiento será 2; a continuación, multipliquemos el cuerpo B, que es 4, por su velocidad, que es 1: el producto o cantidad de movimiento será 4. Por tanto, la cantidad de movimiento, que es la del cuerpo (A) existente en D, es la mitad de la cantidad de movimiento del cuerpo (B) existente en F y, sin embargo, las fuerzas halladas poco antes eran iguales en ambos casos. Así pues, hay una gran diferencia entre la fuerza motriz y la cantidad de movimiento, de tal manera que la una no puede ser estimada por la otra, y eso era lo que nos habíamos propuesto demostrar. Con lo que se muestra cómo debe ser calculada la fuerza a partir de la cantidad de efecto que puede producir; por ejemplo, a partir de la altura a la que puede elevar un cuerpo pesado de una magnitud y especie determinadas; pero no a partir de la velocidad que puede imprimir a un cuerpo. Por tanto, no ha de ser doble la fuerza necesaria para dar al mismo cuerpo una velocidad doble, sino mayor. Nadie se admire de que en las máquinas sim-
119 ples: la palanca, el torno, la polea, la cuña, el tornillo y

[6] Véase Galileo, *Discorsi e dimostrazioni matematiche intorno a due novi scienze*, *Opere*, ed. Favaro, VIII, pp. 209-210.

similares, exista un equilibrio cuando la magnitud del cuerpo es compensada por la velocidad del otro que ha originado la disposición de la máquina, o cuando los tamaños (en cuerpos de la misma especie) son recíprocos a las velocidades, o cuando de un modo u otro aparece la misma cantidad de movimiento. Sucede aquí también que la cantidad del efecto o la altura del descenso o ascenso será la misma, sea cual sea el lado del equilibrio hacia el que quieras que se produzca el movimiento. Así pues, sucede aquí de modo accidental que la fuerza puede estimarse a partir de la cantidad de movimiento. Pero se dan otros casos, como el antes referido, donde no coinciden.

(4) Por lo demás, no habiendo nada más simple que nuestra prueba, sorprende que no la hayan entendido Descartes y los cartesianos, a pesar de ser tan doctos. Pero la excesiva confianza de aquél en su talento, y la de éstos en el ajeno, les llevó al error. Porque Descartes, por un defecto frecuente en los grandes hombres, se volvió a la postre un poco excesivamente confiado. Algunos cartesianos, sin embargo, temo que empiecen paulatinamente a imitar a muchos peripatéticos, de los que se ríen, esto es, que se acostumbren a invocar los libros del maestro, en lugar de la recta razón y la naturaleza de las cosas[7].

(5) Se ha de decir, pues, que las fuerzas están en razón compuesta de los cuerpos (de la misma gravedad específica o solidez) y de las alturas que producen la velocidad, a saber, aquellas desde las que pueden ser adquiridas tales velocidades o, más generalmente (porque a veces no se produjo aún ninguna velocidad), de las alturas en trance de aparecer, y en verdad no de las velocidades mismas en general, a

[7] Alusión a los editores de la correspondencia e inéditos de Descartes, como Claude Clerselier y Nicolas Poisson, los cuales polemizaron contra los críticos de aquél. Véase P. Mouy, *Le développement de la physique cartésienne*, 1934, pp. 45-65.

pesar de que esto parezca plausible a primera vista y muchos lo hayan creído, de donde han surgido múltiples errores, que se detectan en las obras matemático-mecánicas de los RR.PP. *Honorato Fabri*[8] y *Claudio Dechales*[9], así como en las de *Juan Alfonso Borelli*[10] y otros destacados maestros en estos temas. Pienso incluso que esto sucede ahora, ya que hace poco la Regla de Huygens sobre el centro de oscilación de los péndulos, a pesar de ser absolutamente verdadera, fue puesta en duda por no pocos sabios ilustres[11].

---

[8] Honoré Fabri (1606-1688) había intentado en su *Tractatus physicus de motu locali* (Lyon, 1646) armonizar Aristóteles con la nueva mecánica, empleando el principio galileano de las velocidades virtuales. Leibniz adquirió en 1672 los cuatro tomos de otra obra de Fabri, la *Physica id est Scientia Rerum Corporearum* (Lyon, 1669), que subrayó y anotó profusamente. Véase SSB, VI, 2, pp. 186-218.

[9] Claude François Milliet Dechales (1621-1678), jesuita ecléctico que combina Aristóteles con diversos autores modernos (*Cursus seu mundus mathematicus*, Lyon, 1674, 3 vols.). Oldenburg había llamado la atención de Leibniz sobre él en 1673 (véase *Carta* del 20 de abril de 1673, SSB, III, 1, p. 57), de lo cual éste acusó recibo enseguida (véase *Carta* del 24.5.1673, SSB, III, 1, p. 94).

[10] Giovanni Alfonso Borelli (1608-1679), profesor de matemáticas en Pisa y Nápoles, realizó diversas contribuciones teóricas y experimentales al desarrollo de la mecánica. Leibniz hizo en 1676 un resumen de un comentario bastante crítico sobre la obra de éste: *De motionibus naturalibus a gravitate pendentibus liber* (Reggio Julio, 1670), contenido en una carta de Newton a Collins de 1672 (véase SSB, III, 1, p. 680).

[11] El Abbé de Catelan había desencadenado una polémica contra la teoría de Huygens en el *Journal de Sçavants* (1682, pp. 122, 200, 224 ss.; 1684, pp. 142, 225, 312 ss.), en la que también intervinieron el Marqués de l'Hôpital y Jakob Bernoulli. Véase Gueroult, *Leibniz*..., pp. 93-96..

CORTA OBSERVACIÓN DEL SR. ABATE DE C.[1] DONDE SE MUESTRA AL SR. G.G.L. EL PARALOGISMO CONTENIDO EN LA OBJECIÓN PRECEDENTE[2].

40 (1) El Señor Leibniz se extraña de que su prueba, que cree la más simple del mundo, no se haya presentado al espíritu del Sr. Descartes, ni al de los cartesianos. Pero mucho más habría que extrañarse si un filósofo y un geómetra de tanta penetración hubiera incurrido por inadvertencia en un pensamiento así, y precipitado con él tantas gentes hábiles. Que los

[1] El autor de esta réplica es el Abbé François de Catelan, personaje oscuro del que apenas se sabe otra cosa que su amor a las polémicas, ya que se opuso a la teoría de Huygens sobre el centro de oscilación y al desarrollo del cálculo infinitesimal hecho por l'Hôpital. Varios editores de las obras de Leibniz han confundido este hombre con Antonio Schinella, Abbé de Conti, que se relacionó con Leibniz mucho más tarde. Véanse Gueroult, *Leibniz...*, pp. 237-243; A. Robinet, *L'abbé Catelan ou l'erreur au service de la verité*, 1958-1960.

[2] Artículo aparecido en las *Nouvelles de la République des Lettres*, septiembre de 1686, pp. 999-1003, acompañando una traducción francesa de la *Brevis demonstratio*. La paginación indicada al margen, tanto en este como en los dos escritos siguientes, corresponde al vol. III de *Die Philosophischen Schriften* editados por Gerhardt.

sabios juzguen si es él o el Sr. Leibniz quien ha desbarrado por una confianza demasiado grande en su espíritu, el defecto ordinario de los grandes hombres. El Sr. Leibniz se toma un cuidado que en verdad es
41 de una buena alma, / pero un poco demasiado a destiempo, cuando teme que los discípulos del Sr. Descartes imiten a los peripatéticos de los que se burlan. Veamos un poco el considerable error que pretende destruir.

(2) Dice: 1.º) que el Sr. Descartes asegura que Dios conserva en el Universo la misma cantidad de movimiento; 2.º) que este mismo filósofo considera equivalentes la fuerza motriz y la cantidad de movimiento; 3.º) que varios matemáticos estiman en general la fuerza motriz por la cantidad de movimiento, o por el producto de la multiplicación del cuerpo por su velocidad. Luego pretende que estas cosas repugnan entre sí, que por consiguiente la fuerza motriz y la cantidad de movimiento difieren mucho, y que es falsa esta regla de Descartes: se conserva siempre en la naturaleza la misma cantidad de movimiento.

(3) Respecto a la última parte de su consecuencia, corresponde a los lectores cartesianos examinar cómo puede estar unida con sus premisas[3]. Respecto a la primera, la prueba así: «Según el Sr. Descartes y los otros matemáticos, no hace falta menos fuerza para elevar un cuerpo de una libra a la altura de 4 alnas, que para elevar un cuerpo de cuatro libras a la altura de un alna; de donde se deduce que el simple al caer de la altura cuádruple adquiere precisamente la misma fuerza que el cuádruple al caer de la altura simple; porque uno y otro adquirirían una fuerza tal que, al ser quitados los obstáculos externos, podrían

[3] Más que cartesiano, Catelan se considera seguidor de Malebranche. Al escribir esta réplica, era secretario del oratoriano, y Robinet piensa que la compuso por estímulo y dictado suyos. Véase A. Robinet, *Malebranche de l'Académie des Sciences*, 1970, p. 134.

subir hasta el punto del que habían descendido. Además, Galileo ha demostrado que la velocidad que adquiere un cuerpo al caer de la altura de 4 alnas es doble de la velocidad que adquiere al caer de la altura de un alna. Al multiplicar entonces el cuerpo de una libra por la velocidad, es decir, 1 por 2, el producto, o sea, la cantidad de movimiento, será como 2, y al multiplicar el cuerpo de 4 libras por su velocidad, es decir, 4 por 1, el producto o la cantidad de movimiento será como 4. Por tanto, una de esas cantidades es la mitad de la otra, aunque poco antes las fuerzas hayan sido encontradas iguales, las fuerzas, digo, que el Sr. Descartes no distingue de las cantidades de movimiento. Por tanto, etc.»

(4) Me admiro de que el Sr. L. no haya percibido el paralogismo de esta prueba, porque ¿qué hombre mínimamente hábil en mecánica no entiende que el principio de los cartesianos relativo a las 5 máquinas simples considera potencias *isócronas*, o sea, movimientos impresos en tiempos iguales, cuando se comparan conjuntamente dos pesos? Porque en los *Elementos* se demuestra que 2 móviles desiguales en
42 volumen como 1 y 4, pero iguales en / cantidad de movimiento como 4, tienen velocidades proporcionales en razón recíproca de sus masas, como 4 a 1, y, como consecuencia, que siempre recorren en el mismo tiempo espacios proporcionales a sus velocidades. Además de esto, Galileo muestra que los espacios descritos por los cuerpos que caen están entre ellos en la misma razón que los cuadrados de los tiempos[4]. Así, en el ejemplo del Sr. Leibniz el cuerpo de una libra subiría a una altura de 4 alnas en un tiempo como 2, y el cuerpo de 4 libras subiría a la altura de una en un tiempo como 1. Así pues, puesto

[4] Véase Galileo, *Discorsi...*, «De motu locali», teorema II, propos. II, *Opere*, ed. A. Favaro, VIII, p. 209.

que los tiempos son desiguales, no es extraño que las cantidades de movimiento resulten desiguales en esta caída, aunque hubieran resultado iguales en una caída que la igualdad de tiempos volvería completamente diferente de ésta. Supongamos mejor que esos dos cuerpos no se mueven más que al mismo tiempo, es decir, que están suspendidos de la misma balanza y a distancias recíprocas a su magnitud: entonces resultarán iguales las cantidades opuestas de sus movimientos, o sea, las fuerzas de sus pesos, sea que multipliquemos sus masas por sus distancias, sea que lo hagamos por sus velocidades. La cosa sucede de otro modo cuando los tiempos son desiguales. De donde parece que no se equivoca aquí ni el Sr. Descartes ni ningún otro, y dudo mucho que ninguno de estos doctos varones que han contestado hace poco la regla del Sr. Huygens relativa al centro de oscilación, cambie de sentimiento a causa de esta objeción de Leibniz[5].

---

[5] En realidad, es el propio Catelan el que ha contestado a Huygens. La regla a que alude se enuncia en el quinto teorema de la parte IV del *Horologium Oscillatorium*, que sirve para encontrar el péndulo simple isócrono de un péndulo compuesto dado. Véase Alfonsina d'Elia, *Christian Huygens*, 1985, p. 239.

CARTA DE LEIBNIZ A BAYLE[1]

42 (1) Como para mí es un placer útil leer vuestras *Nouvelles de la Republique des Lettres*, he encontrado mi objeción contra el famoso principio cartesiano concerniente a la cantidad de movimiento, con la respuesta de un sabio cartesiano de París llamado el Sr. Abate de C., y os envío mi Réplica, a fin de que todas las piezas del proceso se encuentren reunidas si lo juzgáis a propósito. Es verdad que esto no es más que para aclarar la materia, desarrollando más que justificando la objeción que he propuesto, porque, en efecto, el Sr. Abate nada le ha opuesto, y me concede más de lo que

[1] Pierre Bayle (1647-1708) había fundado en 1684 en Rotterdam (Holanda) la revista *Nouvelles de la République des Lettres*, que dirigió hasta 1687, y en la que apareció la respuesta de Catelan al ataque de Leibniz contra la mecánica cartesiana (septiembre de 1686). Esto fue lo que dio ocasión a Leibniz para escribir la presente carta, que fue publicada en la misma revista como tercer artículo del número de febrero de 1687, con el título *Réplica del Sr. L.* al Sr. Abbé de C. contenida en una carta escrita al Autor de estas Nouvelles, el 9 de Enero de 1687. Relativa a lo que ha dicho el Sr. Descartes de que Dios conserva siempre en la Naturaleza la misma cantidad de movimiento* (pp. 131-136); véase P. Bayle, *Oeuvres Diverses*, Den Haag, 1727, vol. I, p. 747.

deseo[2]. Pero me temo mucho que los otros cartesianos
43 lo desautorizarán. / A su juicio, su regla es muy limitada, y se reduce a bien poca cosa, puesto que quiere que no sea más que *un principio particular relativo a las cinco Máquinas Simples, que considera las potencias isócronas, o movimientos impresos en tiempos iguales.* Había yo mostrado que en un caso bastante ordinario, y en una infinidad de otros semejantes, dos cuerpos tienen la misma fuerza aunque no tengan la misma cantidad de movimiento. Lo concede y no le pido más. Pero añade que no hay que extrañarse de ello, porque en el caso propuesto los dos cuerpos han adquirido sus fuerzas en tiempos desiguales, como si este principio debiera limitarse a las que han sido adquiridas en tiempos iguales. Esto es darme la causa por ganada, e incluso no le pido tanto. Pero sería injusto querer aprovechar contra los cartesianos que se los defienda tan débilmente. Porque no creo que el Sr. Abate de C. encuentre nunca ninguno que apruebe su restricción, al menos de los que pasan por geómetras. Vos lo juzgaréis fácilmente, y no dudo de que algunos hábiles cartesianos amigos vuestros lo reconocerán, si os parece oportuno consultarles, lo cual me atrevería a pediros, si supiese que lo permite vuestra comodidad[3]. Los cartesianos pretenden generalmente que se conserva la misma suma de fuerza, que siempre estiman por la cantidad de movimiento[4]. Y, según ellos, si algunos cuerpos transfieren su fuerza o una parte de su fuerza a

[2] En una *Carta a Arnauld* de 28 de noviembre - 8 de diciembre de 1686, Leibniz comenta la réplica de Catelan, resume las mismas consideraciones que aparecen aquí, y no oculta su decepción por el escaso nivel de su contradictor: «Por tanto, desearía que mi objeción fuera examinada por un cartesiano que sea geómetra y versado en estas materias.» PS, II, p. 81.

[3] Aunque había numerosos cartesianos en Holanda, Leibniz piensa seguramente en Malebranche, que se carteaba con Bayle desde 1684, y a quien éste había apoyado en su disputa con Arnauld. Véase P. Rétat, *Le Dictionnaire de Bayle et la lutte philosophique au XVIII*e *siècle*, 1971, p. 112.

[4] La identificación que hacen los cartesianos de la fuerza con la canti-

algunos otros, habrá en el conjunto de todos estos cuerpos la misma cantidad de movimiento, o suma de los productos de las masas multiplicadas por sus velocidades, que la que había antes. Por ejemplo, si hay un cuerpo de 4 libras con un grado de velocidad, y se supone que toda su fuerza debe ser trasferida ahora a un cuerpo de una libra, ¿no es cierto que los cartesianos dictaminarán que en esta suposición será preciso que el cuerpo reciba una velocidad de 4 grados, a fin de que se guarde la misma cantidad de movimiento? Porque masa 4 multiplicada por velocidad 1 produce tanto como masa 1 por velocidad 4. Pero, según yo, ese cuerpo no debe recibir más que una velocidad como 2 (como lo demostraré enseguida), de suerte que la oposición es bastante manifiesta. Y al estimar así las fuerzas que han adquirido los cuerpos, ni estos señores ni ningunos otros que yo sepa, excepto el Sr. Abate de C., no se preocupan en absoluto de si han sido adquiridas en un tiempo largo o corto, igual o desigual. En efecto, el tiempo no sirve para nada en esta estimación. Al ver un cuerpo de una magnitud dada ir con una
44 velocidad dada, ¿no se po/drá estimar su fuerza sin saber en qué tiempo y por qué vueltas ha adquirido quizá la velocidad que tiene? Me parece que se puede juzgar aquí sobre el estado presente sin saber el pasado. Cuando hay dos cuerpos perfectamente iguales y semejantes, y que tienen la misma velocidad, pero adquirida en uno por un choque súbito, en otro por algún descenso de una duración notable, ¿se dirá que sus fuerzas son diferentes? Eso sería como si se dijese que es más rico un hombre que le ha costado más

---

dad de movimiento arranca de la publicación por Nicolas Poisson del *Traité de la mécanique composé par M. Descartes* (Paris, 1669): Poisson añadió unas *Remarques*, en las que trataba de asimilar el principio galileano de las velocidades virtuales con la teoría cartesiana, basada más bien en el principio de los trabajos virtuales (pp. 22-23).

tiempo ganar el dinero[5]. Pero, lo que es más, no es siquiera necesario que los dos cuerpos que yo había propuesto hayan recorrido sus diferentes alturas en tiempos desiguales, como supone el Sr. Abate de C., no habiéndose dado cuenta de que se puede cambiar a voluntad el tiempo de descenso, según cambie la línea de descenso, volviéndola más o menos inclinada, y que se puede hacer de una infinidad de maneras que los dos cuerpos desciendan de sus diferentes alturas en tiempos iguales[6]. Porque, haciendo abstracción de la resistencia del aire y de obstáculos semejantes, se sabe que un cuerpo que desciende de una misma altura adquiere la misma velocidad, sea que el descenso sea perpendicular y pronto, o inclinado y más lento. Y, como consecuencia, la distinción de los tiempos no afecta en nada a mi objeción. Estas cosas son tan visibles, que tal vez tendría razón en devolver al Sr. Abate de C. algunas expresiones que utiliza, pero considero que es más conveniente no entretenerme en ello. En efecto, creo que al ser tan simple mi objeción, eso mismo ha servido para engañarle, no pareciéndole creíble que una advertencia tan fácil hubiera podido escapar a tantas hábiles gentes. Por eso, habiendo observado la diferencia de tiempos, se ha lanzado a ella, sin tomarse la molestia de considerar que sólo es accidental. Ahora bien, tengo suficientemente buena opinión de su espíritu y de su sinceridad, para esperar que él mismo convendrá en ello, y creo que lo que sigue servirá aún mejor para hacerle reconocer lo que hay. A fin también de prevenir la duda de los que pensasen satisfacer mi objeción diciendo que la materia

[5] Todavía se seguiría discutiendo agriamente este extremo cincuenta años después. Véanse, p. ej., M. de Mairan, *Dissertation sur l'estimation et la mesure des forces motrices des corps*, Jambert, Paris, 1741, pp. 41-43; Marquise du Châtelet, *Institutions de physique*, Amsterdam, 1742, pp. 445-446.

[6] Véase Galileo, *Discorsi...*, *Opere* ed. Favaro, VIII, pp. 215-216.

insensible que fuerza a descender los cuerpos pesados y produce su aceleración ha perdido justamente la cantidad de movimiento que da a esos cuerpos[7], respondo que estoy de acuerdo con esta presión que es la causa de la gravedad[8], y que creo que este Éter pierde tanta fuerza (pero no tanto movimiento) como da a los cuerpos pesados; pero que todo eso no sirve para resolver mi objeción, aunque concediera incluso (contra la verdad) que el Éter ha perdido tanto movi-
45 miento como / les ha dado. Porque mi objeción se ha formulado expresamente de tal suerte, que no importa en absoluto cómo ha sido adquirida la fuerza, de lo que hago abstracción para no entrar en disputa con ninguna hipótesis[9]. Tomo la fuerza y la velocidad adquirida tal como es, sin preocuparme ahora de si ha

---

[7] Leibniz alude a la explicación cartesiana de la gravedad: «*La segunda acción de la que me he comprometido a hablar aquí, es* la que vuelve pesados los cuerpos, *la cual* tiene mucha relación con la que hace que las gotas de agua se vuelvan redondas. Ya que es *la misma materia sutil* que, únicamente porque se mueve indiferentemente desde todos los lados alrededor de una gota de agua, empuja igualmente todas las partes de su superficie hacia su centro[...], y *que, únicamente porque se mueve alrededor de la Tierra*, empuja también hacia *ella* todos los cuerpos que se dicen pesados, los cuales son sus partes[..].» *Principes...*, IV, § 20, *Oeuvres* AT, IX-2, p. 210.

[8] En el artículo *De Causa gravitatis* (AE, mayo de 1690, pp. 228-239, MS, VI, pp. 193-203), Leibniz se muestra inclinado a explicar la gravedad por la fuerza centrífuga de la materia etérea circulante (véase MS, VI, p. 197), con ayuda de la cual ha intentado un año antes dar razón de los movimientos celestes (*Tentamen de Motuum Coelestium causis*, AE, enero de 1689, pp. 38-47, MS VI, pp. 144-161), aun reconociendo la existencia de numerosas dificultades para obtener una teoría ajustada a los fenómenos, dificultades que trata de solventar en varios trabajos de los años siguientes.

[9] Aunque todavía no se conocía la teoría newtoniana sobre la gravitación universal (los *Principia* estaban a punto de aparecer), el debate sobre la explicación de la gravedad era intenso, entre los que todavía defendían la vieja doctrina aristotélica de los lugares naturales y los cartesianos, sin contar con las ideas sobre la acción de fuerzas contrapuestas de Képler y Borelli (al que Leibniz se refiere explícitamente), y las recientes propuestas de Hooke sobre una atracción centrípeta.

sido obtenida de golpe por un choque súbito de otro cuerpo, o poco a poco por una aceleración continua de la gravedad o de un resorte. Me basta con que el cuerpo tenga ahora esta fuerza o bien esta velocidad. Y además muestro que la fuerza no debe ser estimada por la velocidad o cantidad de movimiento, y que este cuerpo puede dar su fuerza a otro sin darle su cantidad de movimiento y que, por consiguiente, al hacerse este transporte, se puede e incluso se debe hacer que la cantidad de movimiento aumente o disminuya en los cuerpos, mientras que se mantiene la misma fuerza.

(2) Ahora demostraré, por tanto, lo que había avanzado antes, a saber, *que en el caso de que se suponga que toda la fuerza de un cuerpo de 4 libras cuya velocidad* (que, por ejemplo, tiene yendo en un plano horizontal cualquiera que sea la manera en que la ha adquirido) *es un grado, sea dada a un cuerpo de una libra, éste no recibirá una velocidad de 4 grados siguiendo el principio cartesiano, sino de 2 grados solamente*, porque así los cuerpos o pesos estarán en razón recíproca de las alturas a las que pueden subir en virtud de las velocidades que tienen, pues estas alturas son como los cuadrados de las velocidades. Y si el cuerpo de 4 libras con su velocidad de un grado, que tiene en un plano horizontal, llega a encontrarse prendido en el extremo de un péndulo o hilo perpendicular, sube a la altura de un pie; el de una libra tendrá una velocidad de dos grados, a fin de poder (en caso de prenderse de modo parecido) subir hasta cuatro pies. Porque hace falta la misma fuerza para elevar cuatro libras a un pie y una libra a cuatro pies. Pero si este cuerpo de una libra debe recibir 4 grados de velocidad, según Descartes, podría subir a la altura de 16 pies. Y, por consiguiente, la misma fuerza que podría elevar cuatro libras a un pie, transferida a una libra, la podría elevar a 16 pies, lo que es imposible, porque el efecto es cuádru-

ple, de modo que se habría ganado y sacado de la nada el triple de la fuerza que había antes. Por eso creo que en lugar del Principio Cartesiano se podría establecer otra *Ley de la naturaleza* que considero máximamente universal e inviolable, a saber, *que*
46 *siempre hay una per/fecta Ecuación entre la causa plena y el efecto entero.* No solamente dice que los efectos son proporcionales a las causas, sino además que cada efecto entero es equivalente a su causa. Y, aunque este axioma sea completamente metafísico, no deja de ser de los más útiles que se pueda emplear en Física y proporciona el medio de reducir las fuerzas a un cálculo geométrico. Pero, para mostrar mejor cómo hay que servirse de él, y por qué se han alejado de él Descartes y los demás, consideremos a modo de ejemplo su tercera regla del movimiento[10], y supongamos que los dos cuerpos B y C, cada uno de una libra, vayan uno contra otro, B con una velocidad de 100 grados, y C con una velocidad de un grado. Toda su cantidad de movimiento será 101. Pero, si C con su velocidad puede subir a una altura de una pulgada, B podrá subir con la suya a 10.000 pulgadas; por tanto, la fuerza de ambos habrá de elevar una libra a 10.001 pulgadas. Ahora bien, siguiendo esta *tercera Regla Cartesiana*, después del choque irán juntos en compañía con una velocidad como 50 y medio, a fin de que multiplicándola por 2 (número de libras que van juntas después del choque) se restituya la primitiva cantidad de movimiento 101. Pero

[10] Descartes formula siete reglas para resolver todos los casos posibles de choque directo entre dos cuerpos. «La tercera es que, si estos dos cuerpos fuesen de la misma magnitud, pero B tuviera tan sólo un poco más de velocidad que C, *después de encontrarse*, no solamente *retrocedería C solo*, e irían ambos juntos hacia el lado por el que antes había venido C, sino que también sería necesario que B le transfiriera la mitad de su exceso de velocidad, *a causa de que, teniéndolo delante de sí, no podría ir más deprisa que él.*» Descartes, *Principes...*, II, § 48, *Oeuvres* AT IX-2, p. 90.

entonces estas 2 libras no podrán elevarse juntas más que a una altura de 2.550 pulgadas y un cuarto (que es el cuadrado de 50 y medio), que equivale a que tengan la fuerza de elevar una libra a 5.100 y medio, mientras que antes del choque había fuerza para elevar una libra a 10.001 pulgadas. Por tanto, casi la mitad de la fuerza se habrá perdido en virtud de esta regla sin ninguna razón, y sin ser empleada en nada. Lo que es tan imposible como lo que hemos mostrado antes en otro caso, en el que, en virtud del mismo principio cartesiano general, se podría ganar el triple de la fuerza sin ninguna razón.

(3) *El célebre autor de La recherche de la Verité*[11] ha visto bien algunos errores del Sr. Descartes en estas materias, pero, como presuponía la máxima que rechazo, ha creído que de las 7 reglas cartesianas la 1.ª, 2.ª, 3.ª y 5.ª eran verdaderas, mientras que sólo es sostenible la 1.ª, que es manifiesta por sí misma. El mismo autor de *La recherche*, al razonar en la suposición de los cuerpos duros sin resorte, quiere que no deban rebotar ni separarse uno de otro después del choque, más que cuando van uno contra otro con velocidades inversamente proporcionales a sus magnitudes, y que en todos los demás casos irán en compañía después del choque, conservando la primitiva
47 cantidad de movimiento. Pero he aquí una gran / dificultad que encuentro en ello: Sea el cuerpo B, 2, con velocidad 1, y el cuerpo C, 1, con velocidad 2, que van directamente uno contra otro; él concede que rebotarán con las velocidades que tenían. Pero si se supone la velocidad o magnitud de uno de los cuerpos, como B, aumenta tan sólo un poco, quiere que ambos vayan juntos hacia el lado hacia el que B iba antes solo, lo que será aproximadamente con una

[11] Véase N. Malebranche, *La recherche de la verité*, VI, II, IX; *Oeuvres de Malebranche*, Vrin, Paris, vol. II., pp. 447-449.

velocidad como 4/3, supuesto que el cambio hecho con respecto a B sea tan pequeño, que al calcular la cantidad de movimiento se pueda retener sin error considerable los números primitivos. Pero ¿es creíble que de un cambio tan pequeño como se quiera, hecho en la suposición con respecto al cuerpo B, resulte una diferencia tan grande en el suceso, de suerte que cese todo rebote y B, que antes debía volver hacia atrás con una velocidad 1, ahora, por tener tan sólo un poco más de fuerza, no solamente no deba ir hacia atrás, sino incluso ir hacia adelante con una velocidad casi como 4/3?[12]. Lo cual es tanto más extraño, cuanto que antes del choque sólo iba hacia adelante con una velocidad aproximadamente igual a 1. Por tanto, el cuerpo contrario, en lugar de hacerlo retroceder o hacerlo avanzar menos por un choque opuesto, lo haría avanzar más, y casi lo atraería hacia sí, lo que está fuera de toda apariencia. Como debemos al autor de *La recherche de la verité* la corrección de algunos prejuicios cartesianos bastante considerables, tanto sobre esta materia como sobre otras[13], me ha parecido a propósito dar a conocer aquí lo que todavía quedaba por decir. Y asegurándome de que no tiene menos honestidad que penetración, bien lejos de temer que lo pueda tomar a mal, aguardo su aprobación[14].

---

[12] Leibniz publica aquí por primera vez una aplicación de la ley de continuidad: «Nada se hace de un golpe, y ésta es una de mis grandes máximas y de las más verificadas, que *la naturaleza nunca da saltos*: lo que yo llamaba *la Ley de Continuidad*, cuando hablaba de ella en las primeras *Nouvelles de la République des Lettres*, y el uso de esta Ley es muy considerable en la física[...]» Leibniz, *Nouveaux Essais sur l'Entendement humain*, PS, V, p. 49; véase también *Specimen dynamicum*, II, MS, VI, pp. 249-250.

[13] Se refiere a la doctrina cartesiana sobre la interacción entre el alma y el cuerpo, rechazada por Malebranche, y a la aceptación por éste de las causas finales. Véase *Carta de Leibniz a Malebranche* del 13 de enero de 1679, PS, I, p. 328.

[14] Malebranche, en efecto, hizo justicia a Leibniz en una carta publicada en la misma revista en abril de 1687 (pp. 448-450; véase A. Robinet,

(4) No obstante, creo que el Sr. Descartes, que ha olvidado en sus reglas marcar los casos en que 2 cuerpos desiguales van uno contra otro con velocidades desiguales[15], se habría visto obligado en este mismo caso precedente a decir la misma cosa que el autor de *La recherche*, en la medida en que puedo juzgar por la 3.ª regla, en la que convienen ambos. Pero aun allí resultarán desiguales el efecto y la causa, como sería fácil mostrar mediante el cálculo en el ejemplo de la 3.ª regla. Esta desigualdad se da también en lo que dice el autor de *La recherche* para corregir la 4.ª, 6.ª o 7.ª regla del Sr. Descartes. Por ejemplo, *a propósito de la sexta*[16], sea B de 1 libra, velocidad 4, C de una libra y en reposo. Quiere que después del choque vayan en compañía con velocidad 2. Así pues, mientras que antes había una fuerza

Malebranche et Leibniz. Relations personelles, 1955, pp. 251-252): «Respecto al pensamiento del Sr. Leibniz sobre lo que he dicho de las leyes del mov. en *La recherche de la verité*, parece más justo. [...] Lo que he dicho de las reglas del mov. contra las del Sr. Descartes no es más que una consecuencia del principio de la dureza de los cuerpos contrario al suyo, cuya falsedad creo haber demostrado. Como entonces no tenía el designio de examinar a fondo las leyes del mov. que da, sino solamente según el principio que acababa de combatir, creo que las que he juzgado falsas lo son efectivamente. Pero no estoy tan cierto de que las otras que he aprobado sean completamente buenas, y no tengo ahora tiempo para examinarlas con cuidado.» Más tarde lo tuvo, aunque los resultados a que llegó tampoco acabaron de satisfacer a Leibniz, hasta que fueron reformulados por segunda vez. Véase P. Mouy, *Les lois du choc des corps d'après Malebranche*, 1927, pp. 65-87.

[15] La primera se refiere a cuerpos iguales y velocidades iguales; la segunda, a cuerpos desiguales y velocidades iguales; la tercera, a cuerpos iguales con velocidades desiguales; las cuarta, quinta y sexta, al choque de un cuerpo en movimiento contra otro en reposo; y la séptima, a cuerpos que van hacia el mismo lado. Véase Descartes, *Principes...*, II, §§ 46-52.

[16] «La sexta, que si el cuerpo C estuviese en reposo, y fuese perfectamente igual en tamaño al cuerpo B, que se mueve hacia él, *sería necesario que* fuese en parte empujado por B, y *que* en parte lo hiciese retroceder; de suerte que, si B hubiese venido hacia C con cuatro grados de velocidad, *tendría que* transferirle uno y retornar con los otros tres hacia el lado por el que hubiese venido.» Descartes, *Principes...*, II, § 51, *Oeuvres* AT, IX-2, p. 92.

48 capaz de elevar / una libra a 16 pies, ahora no habrá más que una fuerza capaz de elevar 2 libras a 4 pies, y se habrá perdido la mitad de la fuerza. Según el Sr. Descartes, en este caso B y C irán hacia el mismo lado, y la velocidad de B será 3; de C, 1, luego en total habrá una fuerza capaz de elevar una libra a 10 pies, y se habrá perdido más de un tercio de la fuerza.

(5) Lo que puede haber seducido a autores tan excelentes, y lo que más ha embrollado esta materia, es que se ha visto que cuerpos cuyas velocidades son inversamente proporcionales a sus extensiones se detienen mutuamente, sea en una balanza, sea fuera de una balanza. Por eso se ha creído que sus fuerzas eran iguales, *tanto más cuanto que no se advertía en los cuerpos más que la velocidad y la extensión*. Pero aquí es donde se hubiera podido emplear útilmente la distinción que hay entre la fuerza y la dirección[17] o, mejor, entre la fuerza absoluta que hace falta para conseguir un efecto subsistente (por ejemplo, para elevar tal peso a tal altura, o para estirar cierto grado tal resorte), y la fuerza para avanzar hacia un lado determinado, o para conservar su dirección. Porque aunque un cuerpo 2 con una velocidad 1 y un cuerpo 1 con una velocidad 2 se detengan o se impidan mutuamente avanzar, no obstante, si el primero puede elevar una libra a dos pies de altura, el segundo podrá elevar una libra a cuatro pies de altura. Lo cual es paradójico, pero indudable, después de lo que acabamos de decir. Se podría, sin embargo, dar alguna interpretación nueva al principio de la cantidad de

[17] Descartes había distinguido la *magnitud* del movimiento de su sentido y dirección, esto es, de su *determinación*: «Se conocerá *todavía mejor* la verdad de esta primera parte de la regla, si se advierte la diferencia que hay entre el movimiento *de una cosa*, [...] y su determinación hacia un lado *antes que hacia otro*; diferencia que es la causa de que pueda cambiarse esta determinación, sin que haya cambiado nada en el movimiento.» Descartes, *Principes...*, II, § 41, *Oeuvres* AT, IX-2, p. 87.

movimiento, y tras esta corrección permanecería universal, pero no es fácil de encontrar.

(6) Añadiré una advertencia de interés para la Metafísica. He mostrado que la fuerza no debe estimarse por la composición de la velocidad y la magnitud, sino por el efecto futuro. Sin embargo, parece que la fuerza o potencia es algo real desde el presente, y el efecto futuro no lo es. De lo que se sigue *que habrá que admitir en los cuerpos algo diferente de la magnitud y de la velocidad, a menos que se quiera negar a los cuerpos toda la potencia de obrar*. Por lo demás, creo que todavía no concebimos perfectamente la materia y la extensión misma. El autor de *La recherche de la verité* ha reconocido esta oscuridad a propósito del alma y del pensamiento, contra el sentimiento común de los cartesianos, pero en cuanto a la materia y la extensión parece convenir con ellos[18]. Sin embargo, para reconocer si una cosa es conocida suficientemen-
49 te, hay un signo, que he dado en / un pequeño ensayo (que se encuentra en la revista de Leipzig, noviembre de 1684)[19], tocante al abuso de las ideas y del conocimiento pretendidamente claro y distinto; ahora me remito a él, así como a lo que he dicho por aquí y por allá en las mismas revistas relativo a la imperfección de la Geometría y el análisis del Sr. Descartes[20]. De lo

---

[18] «No conocemos todas las modificaciones de las que es capaz nuestra alma.» Malebranche, *Recherche...*, III, I, I, § 1, *Oeuvres...*, vol. I, p. 383. «Que ellas [las ideas] existen verdaderamente, y que son necesarias para apercibir todos los objetos materiales.» *Recherche...*, III, II, I, § 1, *Oeuvres...*, vol. I, p. 413.

[19] Es el opúsculo *Meditationes de Cognitione, Veritate et Ideis*, AE, noviembre de 1684, pp. 537-542, PS, IV, pp. 422-426.

[20] Se refiere al *Nova Methodus pro Maximis et Minimis*, AE, octubre de 1684, pp. 467-473; *De Geometria Recondita et Analysi Indivisibilium et Infinitorum*, AE, julio de 1686, pp. 292-300 (artículos traducidos en la Colección «Clásicos del Pensamiento», núm. 28 Tecnos, Madrid), así como a otros artículos más cortos de la misma época. Véase E. Ravier, *Bibliographie des oeuvres de Leibniz*, 1937, pp. 47-53.

cual hago mención aquí a fin de que no se crea que he deseado con ligereza y sin cierto conocimiento de causa que no se acepte lo que dice, y que los que siguen a este autor famoso (cuyos trabajos admiro como merecen) quieran repasar varios lugares de sus obras para confrontarlas con la razón y la naturaleza; tanto más, cuanto uno de sus más célebres juicios y el que parecía mejor establecido acaba de ser completamente desvirtuado al presente[21]. Estoy seguro de que las personas verdaderamente hábiles, entre los que se llaman cartesianos, no se enfadarán por estas observaciones, y considero que hay entre ellas quien podría dar algo tan bello como lo que ha dado el mismo Descartes sobre la sal, por ejemplo, o sobre el arco iris[22]. Tal vez sólo se lo impide el apego excesivo a los sentimientos del maestro. El espíritu de secta es contrario por naturaleza al progreso; para avanzar hay que tomar las cosas con un nuevo sesgo, lo que no es fácil cuando se tiene el espíritu demasiado ocupado con los pensamientos prestados, que han sido recibidos más por la autoridad que por la razón. Soy etc.

---

[21] El desacuerdo de Leibniz con varios puntos capitales del pensamiento cartesiano arranca de muy atrás. En una *Carta a Malebranche* del 13 de enero de1679 afirma: «Descartes ha dicho cosas bellas; era un espíritu penetrante y juicioso en extremo. Pero, como no es posible hacerlo todo a la vez, no ha hecho más que dar bellas oberturas, sin haber llegado al fondo de las cosas; me parece que todavía está bastante alejado del verdadero análisis y del arte de inventar en general. Porque estoy persuadido de que su Mecánica está llena de errores, su Física va demasiado deprisa, su Geometría es demasiado limitada y, en fin, de que en Metafísica es todo esto a la vez.» PS, I, pp. 327-328.

[22] Véase Descartes, *Les Meteores*, Discours III, «Du Sel», *Oeuvres* AT, VI, pp. 249-264; Discours VIII, «De l'Arc-en-Ciel», pp. 325-344.

RESPUESTA DEL SR. L. A LA OBSERVACIÓN DEL SR. ABATE DE C. CONTENIDA EN EL ARTÍCULO 1 DE ESAS *NOUVELLES*, MES DE JUNIO DE 1687, EN EL QUE PRETENDE SOSTENER UNA LEY DE LA NATURALEZA AVANZADA POR EL SR. DESCARTES[1]

49 (1) Todavía habríamos formado un buen lío si el Sr. Abate D.C. no hubiese descubierto netamente en su Observación que todavía no ha captado mi sentido. No comprendo sobre qué fundamento me atribuye una opinión en la que jamás he pensado. Porque avanza tres proposiciones y dice enseguida, p. 580, *que no podría convenir conmigo la contradicción que encuentro en*
50 *ellas*[2]. Y, bien lejos de encontrar / ninguna en ellas, las he empleado yo mismo para demostrar el error del

---

[1] Aparecido en las *Nouvelles de la République des Lettres*, septiembre de 1687, pp. 952-956. Contesta a una *Remarque de M. l'Abbé D.C. sur la Réplique de M.L. touchant le principe mécanique de Descartes*, publicada en dicha revista en junio de 1687, pp. 570-590.

[2] Las tres proposiciones en cuestión son: 1) es necesaria la misma fuerza para elevar una libra a cuatro alnas que para elevar cuatro libras a un alna, 2) los espacios que recorren al caer los cuerpos graves son como

principio cartesiano. De modo que casi todo lo que dice a continuación, sirviendo sólo para explicar y sostener esas proposiciones, no me afecta en nada. Si se producen estos malentendidos en una disputa que casi es de Matemática pura, ¿qué no se debe esperar en Moral y en Metafísica? Ello me obliga a rogar al Sr. Abate, o a cualquier otro que espere poder sostener el principio de los cartesianos, que respondan netamente y punto por punto a lo que había avanzado al comienzo, y que expondré aquí por artículos. De otro modo sería querernos entretener con rodeos.

(2) 1. Pregunto si no es verdad que, según Descartes, un cuerpo de cuatro libras, cuya velocidad es simple, tiene tanta fuerza como un cuerpo de una libra cuya velocidad sea cuádruple. De tal modo que, si toda la fuerza de un cuerpo de cuatro libras debe ser *transferida* a un cuerpo de una libra, debe recibir el cuádruple de la velocidad del primero, siguiendo el Principio de la cantidad de movimiento, sobre el que giran las Reglas del Sr. Descartes.

(3) 2. Pregunto aún si no es cierto que, si el primero, con un grado de velocidad, puede elevar cuatro libras (que es su peso) a un pie, o (lo que es equivalente) una libra a cuatro pies, entonces el segundo, con cuatro grados de velocidad, podrá elevar una libra (que es su peso) a dieciséis pies, siguiendo las demostraciones de Galileo y otros. Porque los cuerpos pueden subir a alturas que son como los cuadrados de las velocidades que tienen antes de subir.

(4) 3. Y que, por tanto, se sigue de la opinión del Sr. Descartes que de una fuerza que podía elevar 4 libras a 1 pie, o 1 libra a 4 pies, se podrá hacer *por traslación* una fuerza capaz de elevar 1 libra a 16 pies, que es el cuádruplo; y el exceso que habrá gana-

---

los cuadrados de los tiempos; 3) el producto de la masa por la velocidad es una medida del movimiento del cuerpo.

do, que es el triple de la primera fuerza, se habrá sacado de la nada. Lo que es un absurdo manifiesto.

(5) 4. Pero, según yo y la verdad, toda la fuerza de un cuerpo de 4 libras, cuya velocidad es un grado, al ser transferida a un cuerpo de una libra, le daría una velocidad de 2 grados solamente, a fin de que, si el primero podía elevar su peso de 4 libras a un pie, el segundo pueda elevar el suyo de una libra a una altura de 4 pies. De modo *que no se conserva la misma cantidad de movimiento, pero se conserva la misma cantidad de fuerza*, que se debe estimar por el efecto que puede producir.

51 (6) / Es bastante sorprendente ver que todavía no se ha querido responder netamente a cosas tan precisas y fáciles, y que en lugar de ello se me han imputado sentimientos que no tengo en absoluto. Sin embargo, *sería una cosa más conforme a la reputación de razonar distintamente de la que se precian los señores cartesianos, que lo hicieran ver mínimamente cuando se trata de demostrar uno de sus principios más famosos.* ¿No se dirá que, al no poder defender el error de su maestro, al menos han procurado disfrazarlo? ¿Y en qué se convertirían entonces esas bellas protestas de amor a la verdad, y que no se pretende seguir a Descartes más que en tanto concuerde con la razón? Pero cuento con algo mejor.

(7) Añadiré solamente, como complemento, que concedo al Sr. Abate que puede estimar la fuerza por el tiempo, pero con precaución. Por ejemplo, se conoce la fuerza adquirida por el tiempo que el cuerpo pesado ha empleado en adquirirla al descender, supuesto que, se sepa la línea de bajada; puesto que según sea más o menos inclinada, cambiará el tiempo; mientras que basta saber la altura para juzgar de la fuerza que ha adquirido el cuerpo al descender de esta altura. Así pues, esta variedad de tiempo me ha hecho pensar en un bello *problema* que acabo de resolver al presente, y que quiero señalar aquí, a fin de que nuestra disputa dé

alguna ocasión al progreso de la ciencia: *Encontrar una línea de descenso en la que el cuerpo pesado descienda uniformemente y se aproxime igualmente al horizonte en tiempos iguales*[3]. El análisis de los señores cartesianos tal vez la dé fácilmente[4].

---

[3] La búsqueda de una definición matemática para líneas dotadas de determinadas propiedades mecánicas se convertirá durante los decenios que siguen en un desafío habitual, tendente, en primer lugar, a demostrar la superioridad del cálculo infinitesimal sobre el análisis clásico y, en segundo lugar, a probar el adelanto de los diferentes autores y escuelas en los nuevos métodos. La solución al problema aquí planteado es la parábola semicúbica o de Neil, cuya ecuación es $y^3=px^2$, que se resuelve en infinitas curvas posibles, de acuerdo con los valores que se den al parámetro. La primera respuesta vino de Huygens: *Solution du problème proposé par M.L. dans les N.R.L. du mois de Septembre 1687*, NRL, Octobre 1687 (art. VI). Catelan calló. Leibniz dio su solución en *De Linea Isochrona*, AE, abril de 1689, pp. 195-198, MS, V, pp. 234-237; Jakob Bernoulli propuso la suya en 1690.

[4] La incitación casi puede entenderse como una burlesca premonición. Leibniz estaba convencido de la incapacidad de la matemática cartesiana para enfrentarse a los nuevos problemas. Catelan, en cambio, publicó en 1692 el libro *Logistique universelle et Méthode pour les tangentes*, donde sostenía que era preferible apurar los principios cartesianos que ensayar nuevas fórmulas, aunque en realidad no hacía otra cosa que presentar una mala versión del cálculo infinitesimal. Véase Gueroult, *Leibniz. Dynamique...*, p. 238.

II. EL ENSAYO DE DINÁMICA (1692)

ENSAYO DE DINÁMICA[1]

1. Definición

97 *Sobre la fuerza igual, menor y mayor*

Cuando hay dos estados tales que, si uno pudiera ser puesto en lugar del otro sin ninguna acción exte-

[1] El texto de este ensayo permaneció inédito en vida de Leibniz. Fue publicado por primera vez en 1859 por A. Foucher de Careil (*Oeuvres de Leibniz*, Firmin-Didot, Paris, vol. I). En 1956, Pierre Costabel descubrió una copia en los Archivos de la Academia de Ciencias de París, realizada por el académico des Billettes (véase P. Costabel, *Leibniz et la dynamique. Les textes de 1692*, 1960, pp. 15-17). Gracias a este descubrimiento se ha podido averiguar que el escrito en cuestión no es otro que los «*Elementos Dinámicos del Sr. Leibniz*», leídos por de la Hire en la Academia parisina el 28 de junio de 1692. La traducción se apoya en la edición de Costabel (ibíd., pp. 97-106), que mejora en varios extremos la de Foucher. Leibniz compuso este trabajo después de su viaje a Italia, decisivo para la definitiva maduración de su dinámica, y con él trataba de ganarse el apoyo de los académicos franceses y, muy especialmente, el de Malebranche, que aquel

rior se seguiría un movimiento mecánico perpetuo[2], se dirá que la fuerza habrá sido aumentada por esta sustitución, o que la fuerza del estado sustituido será mayor, y que la del estado por el que ha sido sustituido era menor; pero, si la fuerza no es ni menor ni mayor, es igual.

Escolio

Llamo aquí *estado* (*statum*) a un cuerpo o varios tomados con ciertas circunstancias de situación, movimiento, etc. He querido servirme de este signo externo de la fuerza aumentada que es la reducción al movimiento perpetuo para mejor acomodarme a las nociones populares, y para evitar las consideraciones metafísicas del efecto y la causa. Porque, para examinar las cosas *a priori*[3], habría que estimar la fuerza por la cantidad de efecto tomada de una cierta mane-

---

mismo año había reformado su teoría de la comunicación del movimiento, aunque de un modo que siguió dejando insatisfecho a nuestro hombre. Pellison fue el intermediario escogido para hacer llegar el opúsculo a sus últimos destinatarios. Las gestiones se complicaron y prolongaron por diversas causas, y en definitiva la operación se saldó con un claro fracaso (véase ibíd., pp. 20-29). La paginación indicada al margen corresponde a la edición de Costabel.

[2] La búsqueda de una fuente inagotable de energía mediante un artefacto que pueda moverse indefinidamente y realizar al mismo tiempo un trabajo mecánico, se ha intentado repetidas veces a lo largo de la historia, como ha ocurrido con tantas otras quimeras. Con anterioridad a Leibniz numerosos autores habían descartado la idea como imposible y absurda, entre ellos Peiresc, Kepler, Sturm, Lorini y Stevin. No obstante, las discusiones prosiguieron bastante tiempo, y se puede decir que la comunidad científica no las dio por definitivamente zanjadas hasta fines del siglo XVIII. Véase H. Dircks, *Perpetuum mobile, 1861-1870*, 2 vols.

[3] Alusión al argumento que no evalúa las fuerzas a partir del efecto violento (que las consume y disipa), sino mediante el efecto formal (en el que no hay que vencer resistencia alguna y por ello puede ser producido indefinidamente). Leibniz ha desarrollado este argumento en *Dynamica de potentia*, MS, VI, pp. 359-367, tratado que, aunque quedará inédito, tiene intención de publicar en estos momentos.

ra que precisa un poco más de atención para ser entendida. Pero, como este discurso preparará al lector, no dejaré de introducir de pasada algunas consideraciones sobre la causa y el efecto.

2. Definición

La cantidad de movimiento es el producto de la masa del cuerpo por su velocidad[4].

98 *Escolio*

La masa de los cuerpos sensibles se explica por el peso[5]. Así, un cuerpo de 4 libras que va con un grado de velocidad, tendrá una cantidad de movimiento como *cuatro*. Pero si, siendo de 4 libras tuviera 3 grados de velocidad, su cantidad de movimiento sería como 12.

---

[4] Esta definición coincide con la de Descartes. Véase *Principes...*, II, § 36, *Oeuvres*, AT, IX-2, pp. 83-84. Sin embargo, Newton había introducido en 1687 una noción de cantidad de movimiento diferente, en la que se tenía en cuenta, además de la magnitud, la dirección y sentido del movimiento: «La cantidad de movimiento que se obtiene tomando la suma de los movimientos dirigidos hacia las mismas partes, y la diferencia de los dirigidos hacia partes contrarias, no sufre alteración por la acción de los cuerpos entre sí.» *Philosophiae naturalis principia mathematica, Opera* ed. Horsley, II, p. 17. La segunda acepción es la que ha prosperado y todavía se emplea hoy día.

[5] En el *Dynamica de potentia*, que data de 1689-1690, se propone un concepto de masa sustancialmente idéntico al newtoniano: «La masa de los cuerpos móviles, o bien los cuerpos móviles mismos, están entre sí en razón compuesta de los volúmenes y las densidades, o sea, de las extensiones e intensiones de la materia.» MS, VI, p. 298. La conexión entre masa y peso se explica por esta otra definición del mismo tratado: «La masa es la cantidad de materia contenida en el cuerpo móvil (y en los graves es llamada Peso); por consiguiente, las masas son como los cuerpos móviles.» MS, VI, p. 297.

3. Definición

El movimiento mecánico perpetuo (que se pretende en vano) es un movimiento en el que los cuerpos se encuentran en un estado violento y, aunque actúan para salir de él, no avanzan en absoluto, y al cabo de cierto tiempo todo se reencuentra en un estado no solamente tan violento como el que había al comienzo, sino todavía más, puesto que, además de haberse restituido el estado primitivo, es preciso que la máquina pueda producir algún efecto o uso mecánico, sin que ninguna causa de fuera contribuya a todo esto[6].

Escolio

Por ejemplo, hay una máquina en la que al principio algunos pesos eran levantados a cierta altura. Como estos pesos se encuentran en un estado violento, se esfuerzan por descender, y los hay que descienden en efecto, y que obligan a otros a subir. Pero la naturaleza se equivoca (por así decir) creyendo llegar a su fin, y el arte arregla tan bien las cosas, que al cabo de cierto tiempo se encuentra que hay tantos pesos elevados como al principio, e incluso más. Digo *más*, porque en el transcurso esos pesos han podido producir todavía algún otro efecto violento, por ejemplo, elevar agua, moler grano, o producir alguna otra cosa según el uso al que esté destinada la máquina. Siempre ha sido buscado un movimiento perpetuo así, pero es imposible encontrarlo, porque la fuerza aumentaría por sí misma y el efecto sería

[6] La razón teórica que Leibniz opone a la eventualidad de un movimiento mecánico perpetuo estriba en la ley de la igualdad entre la causa plena y el efecto entero, propuesta en la primera réplica a Catelan como alternativa al principio cartesiano de conservación del movimiento. El *perpetuum mobile* encerraría la contradicción de obtener un efecto violento (la producción de un trabajo mecánico) sin la mediación de causa equivalente.

mayor que la causa total[7]. Es verdad que, si se eliminan los obstáculos accidentales, los cuerpos que descienden pueden subir por sí mismos precisamente a la altura primitiva. Y ello es necesario; de otro modo no se conservaría la fuerza, y si la fuerza disminuye, el efecto entero no es equivalente a la causa, sino inferior. Por tanto, se puede decir que hay un movimiento físico perpetuo, tal como sería un péndulo perfectamente libre; pero ese péndulo nunca sobrepasará la altura primitiva, e incluso nunca la alcanzará si opera o produce el más mínimo efecto en su camino, y si supera el menor obstáculo; de otro modo sería un movimiento mecánico perpetuo[8]. Así pues, lo que se acaba de decir de los pesos vale también para los resortes y otros cuerpos que se haga actuar poniéndolos en un estado violento.

Axioma 1

Se conserva la misma cantidad de fuerza, o bien el efecto entero es igual a la causa total[9].

Escolio

Este axioma tiene tanta utilidad para la mecánica, como para la geometría el que dice que *el todo es*

---

[7] Véase *Dynamica de potentia*, MS, VI, p. 437.

[8] Lo que distingue el movimiento físico perpetuo del movimiento mecánico perpetuo es que en aquél no se consume la fuerza, esto es, la causa del movimiento, por lo que no hay efecto violento, sino tan sólo efecto formal. Esto ocurre con el movimiento inercial, que se prolonga indefinidamente, ya que la prosecución de un movimiento rectilíneo y uniforme no requiere aplicación efectiva de fuerza, sino tan sólo el cambio de movimiento. En el caso del péndulo, lo que existe es una conversión recíproca de la fuerza viva y la fuerza gravitatoria o, expresado en terminología actual, de la energía cinética actual y la energía potencial gravitatoria, de forma que tampoco hay un incremento neto de efecto violento ni, por tanto, gasto de fuerza.

[9] Véase *Dynamica de potentia*, MS, VI, pp. 440-441.

igual a la suma de las partes[10]; uno y otro proporcionan el medio para llegar a las ecuaciones y a una suerte de análisis. Se sigue que no existe un movimiento mecánico perpetuo, e incluso que la naturaleza nunca cambiará un estado por otro si no tienen la
99 /misma fuerza. Y, si el estado L se puede poner en lugar del estado M, es preciso que recíprocamente el estado M pueda ponerse en lugar del estado L sin miedo a un movimiento perpetuo, por la definición de la fuerza igual o desigual que hemos dado.

Axioma 2

Hace falta la misma fuerza para elevar una libra a una altura de 4 pies, que para elevar 4 libras a la altura de un pie.

Escolio

Se admite este axioma. No obstante, podría ser demostrado por el 1.er axioma y de otro modo. Y sin ello sería fácil obtener el movimiento perpetuo.

Postulatum o petición 1

Se pide que toda la fuerza de un cuerpo dado pueda ser transferida a otro cuerpo dado, o, al menos, que, si se supone esta transferencia, no se produzca ningún absurdo[11].

---

[10] Una afirmación parecida aparece en la *Carta a Oldenburg* del 27 de agosto de 1676. Véase MS, I, p. 122.

[11] Denis Papin (1647-1714) había negado en el escrito *De gravitatis causas et proprietatibus observationes* (AE, 1689, pp. 183-188) la posibilidad de que un cuerpo grande en movimiento pueda transmitir toda su fuer-

Escolio[12]

Es seguro que un cuerpo pequeño puede adquirir una velocidad tal que sobrepase la fuerza de un cuerpo grande que va lentamente. Por tanto, podrá adquirirla precisamente igual. Y el cuerpo grande podrá ser la causa de ello, perdiendo su fuerza por la acción de otros cuerpos, que al final podrán transferirla toda al pequeño mediante encuentros o cambios propios para ello. Del mismo modo, el cuerpo pequeño podrá transferir toda la suya al cuerpo grande, y no importa si ello sucede mediata o inmediatamente, de una vez o sucesivamente, supuesto que, mientras que al principio sólo se movía el cuerpo A, al final sólo se mueve el cuerpo B. Porque así tendrá que haber recibido toda la fuerza del cuerpo A por el axioma 1.º; de otro modo se habría perdido una parte. Es posible imaginar cierto artificio para la ejecución de estas transferencias de fuerza[13]. Pero, aunque no se diera la construcción, basta con que no sea imposible, al igual que Arquímedes tomaba una recta igual a la circunferencia de un círculo sin poder construirla[14].

---

za a un cuerpo más pequeño en reposo, tratando así de desvirtuar el ataque de la *Brevis demonstratio* a Descartes. Es cierto que, según las reglas del choque elástico y también las del inelástico, nunca se produce la detención del cuerpo mayor. Sin embargo, el mismo Papin reconocía que idealmente es posible conseguirlo mediante ciertos mecanismos, e incluso llegó a proponer uno de ellos en *Mechanicorum de viribus motricibus sententia* (AE, 1691, pp. 6-13), aunque matizando que nunca son realizables en la práctica. Mediante este postulado, Leibniz sale al paso de todas estas objeciones, más propias de un ingeniero que de un físico teórico.

[12] Leibniz retoma a continuación los argumentos empleados en la respuesta que da a Papin en *De legibus Naturae et Vera aestimatione virium motricium contra Cartesianos* (AE, septiembre de 1691, pp. 439-447; MS, VI, pp. 204-211).

[13] En *De Legibus* presenta varias alternativas, y se hace eco de la ideada por Papin. Véase MS, VI, pp. 205-208.

[14] Véase Arquímedes, *Medida del círculo*, Proposición 1: «Un círculo es equivalente a un triángulo rectángulo cuyos lados sean iguales al radio y a la circunferencia del círculo.»

Petición 2

Se pide que los obstáculos exteriores sean excluidos o despreciados, como si no hubiese ninguno[15].

Escolio

Ya que, como aquí no se trata de la práctica, sino del razonamiento para estimar las razones de las cosas, se puede concebir el movimiento como en el vacío, a fin de que no haya resistencia del medio, y se puede imaginar que las superficies de los planos y las esferas están perfectamente unidas, a fin de que no haya fricción, y así el resto. Es a fin de examinar aparte cada cosa, salvo para combinarlas en la práctica.

100
Proposición 1

Lema demostrado por otros

Las velocidades que adquieren los cuerpos pesados al bajar son proporcionales a los cuadrados de las alturas que bajan[16] y, viceversa, los cuerpos pueden subir en virtud de las velocidades que tienen a las alturas que deberían bajar para adquirir estas velocidades.

---

[15] Este postulado trata de obviar objeciones semejantes a la de Papin, que ignoran el carácter estrictamente ideal de los experimentos que son objeto de discusión. Papin, en efecto, había negado la posibilidad de que un cuerpo comunique toda su fuerza a otro, alegando que para ello se tendría que disponer de una palanca perfectamente rígida y dura, cosa que no existe en la naturaleza. Véase Papin, *Mechanicorum...*, p. 11.

[16] Se trata de un error de Leibniz. Tendría que haber dicho que son «como las raíces cuadradas» y no «como los cuadrados» de las alturas. Véase Costabel, *Leibniz et...*, p. 100.

Escolio

Esta proposición ha sido demostrada por Galilei[17], el Sr. Huygens[18] y otros. Si, por ejemplo, un cuerpo, al bajar una altura de un pie, adquiere al cabo de la caída un grado de velocidad, un cuerpo al bajar 2 pies adquirirá 4 grados de velocidad; 3 pies darán 9 grados; 4 pies, 16 grados, etc. Porque 4, 9, 16 son los cuadrados de 2, 3, 4, etc., y viceversa, si un cuerpo con un grado de velocidad puede subir a una altura de un pie, se sigue que un cuerpo con 4 grados de velocidad tendrá fuerza para elevarse 16 pies[19]. En todo esto no importa nada si el cuerpo es grande o pequeño, ni si su bajada se hace perpendicular u oblicuamente, supuesto que se observe la segunda petición. Sin embargo, al estimar la altura se entiende siempre la altura perpendicular.

Proposición 2

Un cuerpo que pesa una libra y baja una altura de 16 pies puede elevar a un cuerpo B que pesa 4 libras hasta una altura que sea un ápice menor que 4 pies.

101 *Demostración*

Ello se prueba fácilmente por la estática común. Imaginemos una balanza de brazos desiguales LMN

---

[17] Véase Galileo, *Discorsi...*, *Opere* ed. Favaro, VIII, pp. 210-213.

[18] Véase Huygens, *Horologium oscillatorium*, II, prop. III-IV, Muget, Paris, 1673, pp. 25-29.

[19] Aquí restablece Leibniz la verdad. En el manuscrito escribió originariamente «2 pies»; más tarde descubrió el error y lo corrigió tachando la primera cifra, pero sin repasar el defectuoso razonamiento que lo había extraviado un poco más arriba.

cuyo centro (fig. 2) y el brazo MN sea algo más que 4 veces la longitud del brazo LM. Sitúese esta balanza oblicuamente, de suerte que el extremo L esté en el horizonte y llegue al peso A, y que el extremo M llegue

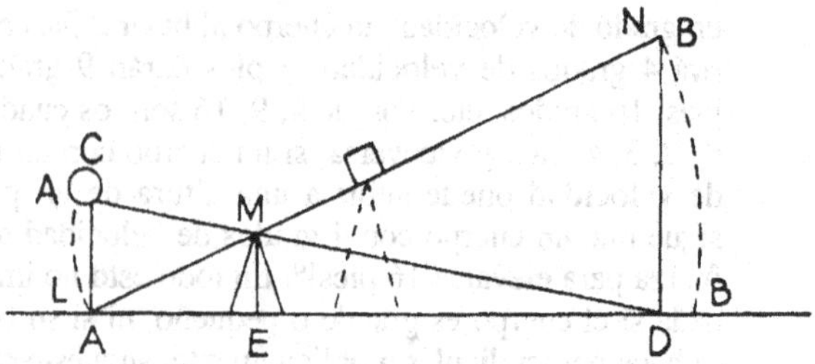

al peso B elevado a 16 pies. Estando ello así, es manifiesto que, si estos extremos están unidos a esos pesos y los sostienen, B prevalecerá sobre A por el principio vulgar del equilibrio. Porque, como A es cuádruple de B, si MN fuese también cuádruple de ML, todo estaría en equilibrio. Pero si MN es tan sólo un ápice más que el cuádruple de ML, B lo arrastrará y, descendiendo hasta B en la horizontal, hará subir A hasta A. Llevemos ahora las perpendiculares desde los puntos AMB sobre la horizontal, a saber, AC, ME, BD. Ahora bien, ME es a BD como LM es a LN, y por hipótesis LN es un ápice más que el quíntuple de ME. Ahora bien, ME es a AC como MB a AB, es decir, como MN a LN, y MN está con respecto a LN en razón un ápice mayor que 4 a 5. Y, en consecuencia, ME también es así con respecto a AC. Por tanto, estando BD con respecto a ME en razón un ápice mayor que 5 a l, y estando ME en relación a AC en razón un ápice mayor que 4 a 5, se sigue que BD estará con respecto a AC en razón un ápice mayor que 4 a 1. O sea, BD será un poco más que el cuádruple de AC y, en consecuencia, siendo por hipótesis BD 16 pies, es manifiesto que la altura AC a la que es elevado el cuerpo A será un ápice menos que 4 pies, como había que probar.

Proposición 3

Problema

Supuesto que la cantidad de movimiento se conserva siempre, se puede hacer de suerte que en lugar de un cuerpo de 4 libras con un grado de velocidad se obtenga un cuerpo de una libra con cuatro grados de velocidad.

Demostración

Porque sea A el 1.er cuerpo, B el segundo, y sea transferida toda la fuerza de A a B (petición 1), es decir, que mientras antes sólo se movía A, ahora sólo se mueve B; no habiendo absorbido fuerza alguna nada accidental o exterior (petición 2), es preciso que B tenga la misma cantidad de movimiento que A (por hipótesis). Por tanto, habiendo tenido A, de 4 libras, una velocidad de un grado (por hipótesis), es preciso que B, que es de una libra (por hipótesis), reciba 4 grados de velocidad. Pues sólo así tendrá B la misma cantidad de movimiento que A, siguiendo la definición 2, puesto que una libra de B debe ser multiplicada por 4 grados para igualar las 4 libras de A multiplicadas por un grado, como había que hacer.

Proposición 4

Problema

Supuesto que en lugar de 4 libras con un grado de velocidad se pueda adquirir una libra con 4 grados de velocidad, digo que se podría obtener el movimiento mecánico perpetuo.

102 *Demostración*

Hagamos que una bola A de una libra[20] de peso baje la altura de un pie y adquiera un grado de velocidad[21]. Consígase ahora que en el sitio una bola B de una libra tenga 4 grados de velocidad por hipótesis; esta bola B podrá subir a la altura de 16 pies (proposición 1) y, después, unida a una balanza que encontrará en el extremo de la subida, y descendiendo otra vez desde esta altura hasta el horizonte, podrá elevar a A hasta una altura un ápice menor que 4 pies (proposición 2). Ahora bien, el peso A se encontraba al comienzo elevado a un pie sobre el horizonte, y B en reposo sobre el horizonte. Ahora se encuentra que B, vuelto a bajar, todavía está en reposo sobre el horizonte, pero A está a una altura de casi 4 pies sobre el horizonte (mucho más allá de su 1.er estado, y tenemos el 2.º estado, en el que el efecto es más grande que la causa, lo que puede producir el movimiento mecánico perpetuo). Así, A, antes de retornar de la altura de 4 pies a su 1.ª altura de 1 pie, podrá producir algún efecto mecánico de pasada (elevar agua, moler grano, etc.), y no obstante, una vez retornado a A, todas las cosas serán restituidas al 1.er estado (y este

[20] Nuevo error. Leibniz escribe inadvertidamente «una libra» en lugar de «cuatro libras».

[21] Leibniz ha proyectado y descrito un artefacto semejante (fig. 3) en *De Causa Gravitatis* (1690). Véase MS, VI, pp. 199-203.

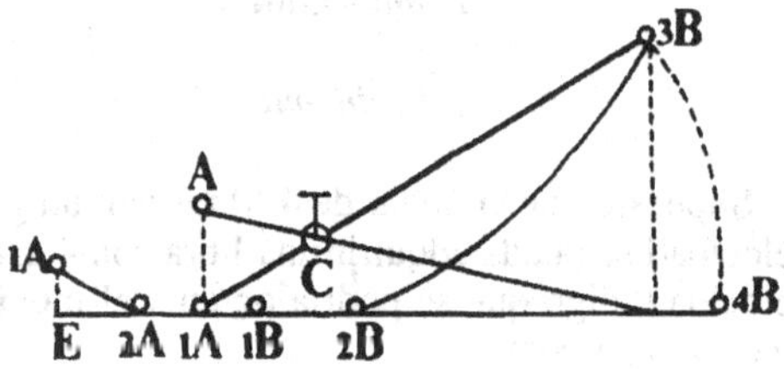

juego podrá continuar siempre), y se obtiene el movimiento mecánico perpetuo (definición 3), como había que hacer.

Proposición 5

Problema

Supuesto que la cantidad de movimiento se conserva siempre, se puede obtener el movimiento mecánico perpetuo[22].

Demostración

Porque, al conservarse siempre la cantidad de movimiento (por hipótesis), se puede sustituir en lugar de 4 libras, velocidad 1; 1 libra, velocidad 4 (proposición 3) y, al pasar esto, se podrá obtener el movimiento mecánico perpetuo (proposición 4), como había que hacer.

Proposición 6

Un cuerpo de 4 libras de peso y con un grado de velocidad tiene solamente la cuarta parte de la fuerza de un cuerpo de una libra de peso y 4 grados de velocidad.

Demostración

En efecto, sea el primer peso A, y el segundo B, y supongamos que A pueda subir a cierta altura, por

---

[22] Por supuesto, se trata de la conservación de la cantidad de movimiento en sentido cartesiano, no en la acepción que Newton da al concepto, ni de la conservación de lo que Huygens llama «cantidad de movimiento hacia el mismo lado». Véase *Extrait d'une lettre de M. Hugens à l'Auteur du Iournal* (1669), *Oeuvres complètes*, XVI, p. 180.

ejemplo, de un pie. B podrá subir a la altura de 16 pies (proposición 1); por tanto, B tiene fuerza para elevar una libra, o sea, su propio peso, a la altura de 16 pies. Y, como consecuencia (axioma 2), tiene fuerza para elevar 16 libras a un pie, mientras que A tiene solamente fuerza para elevar 4 libras, es decir, su propio peso, a 1 pie (por la hipótesis). Ahora bien, la fuerza para elevar 16 libras a un pie es cuádruple de la fuerza para elevar 4 libras a 1 pie (por sentido común)[23]; por tanto, la fuerza de B es cuádruple de la fuerza de A, como había que probar.

103 **Proposición 7**

Un cuerpo de 4 libras de peso y con un grado de velocidad tiene la misma fuerza que un cuerpo de una libra de peso y dos grados de velocidad. Y en consecuencia, si toda la fuerza de aquél debe ser transferida a un cuerpo de una libra, no recibirá más que dos grados de velocidad.

Demostración

Sea el primero A, el segundo B. Si A puede subir a 1 pie, o elevar 4 libras, es decir, su propio peso, a 1 pie, B podrá subir 4 pies (proposición 1), o elevar su peso que es de 1 libra a 4 pies. Por tanto (axioma 2), la fuerza de A es igual a la de B, como había que demostrar.

---

[23] Se apela directamente al sentido común, porque siempre es posible considerar un cuerpo de 16 libras como un agregado de cuatro cuerpos de cuatro libras yuxtapuestos. Por consiguiente, elevar uno de ellos separadamente a un pie equivale a la cuarta parte del trabajo de hacer que ascienda el cuerpo cuádruple.

Escolio

Estas dos proposiciones todavía se pueden demostrar independientemente del axioma 2, mediante el axioma 1 solo, junto con la definición 1, empleando un mecanismo parecido al de la proposición 2 para reducir a quien se opusiera al movimiento mecánico perpetuo. También hemos advertido en el axioma 2 que es posible demostrarlo por el axioma 1, es decir, reduciendo al contrario al movimiento perpetuo o *ad absurdum*. También es bueno advertir que todas esas proposiciones y muchas de las cosas que se dicen aquí podrían ser concebidas y enunciadas de un modo más general según el estilo de los geómetras. Se podría decir en general, por ejemplo, que *las fuerzas de los cuerpos están en razón compuesta de sus masas y del cuadrado de la velocidad*, mientras que las cantidades de movimiento están en razón compuesta de las masas y velocidades. Pero se ha preferido expresarlo con ciertos números, para hablar más inteligiblemente en consideración a los que están menos acostumbrados a las frases de los geómetras[24].

Proposición 8

Cuando las fuerzas son iguales, las cantidades de movimiento no siempre son iguales, y viceversa.

Demostración

Libras 4, velocidad 1, y libra 1, velocidad 2, tienen una fuerza igual (proposición 7); pero la cantidad de

[24] A pesar de que los destinatarios del escrito, esto es, Malebranche, Thevenot, Cassini, l'abbé Gallois, du Hamel, Dodart y de la Hire (véase Costabel, *Leibniz et...*, p. 21), eran en su mayor parte geómetras profesionales, Leibniz evita las abstracciones del genuino estilo matemático, tal vez por consideración al hecho de que entre los académicos abundaban los médicos y los cultivadores de la física y la biología empíricas.

movimiento de aquél es el doble de la cantidad de movimiento de éste (definición 2). Viceversa, libras 4, velocidad 1, y libra 1, velocidad 4, tienen igual cantidad de movimiento (definición 2); pero la fuerza de aquél es solamente la cuarta parte de la fuerza de éste (proposición 6), e igual con otros números.

Proposición 9

No se conserva siempre la misma cantidad de movimiento[25].

104 *Demostración*

Supuesto que la misma cantidad de movimiento se conserve siempre, se puede obtener el movimiento mecánico perpetuo (proposición 5); ahora bien, este movimiento es imposible (axioma 1); por tanto, no se conserva siempre la misma cantidad de movimiento.

Escolio

También puede ser concluida de la proposición 8 y, en efecto, cuando se porfiara en negar la segunda petición, o el *segundo postulatum* sobre el que se funda la proposición 5[26], es decir, cuando se quisiera negar que toda la fuerza de un cuerpo grande pueda ser transferida a un cuerpo pequeño (lo que, sin embargo, debe ocurrir a menudo en la naturaleza), no se eludiría por

---

[25] Huygens había llegado a la misma conclusión más de veinte años antes: «La cantidad de movimiento que tienen dos cuerpos puede aumentar o disminuir por su encuentro.» *Extrait...*, *Oeuvres complètes*, XVI, p. 180; véase también *De motu...*, Propos. VI, *Oeuvres complètes*, XVI, p. 47.

[26] Se trata de la proposición 3, que Denis Papin se había negado a aceptar por razones de viabilidad técnica.

ello la fuerza de nuestras razones. Ya que, como se ve bien que ordinariamente la cantidad de movimiento es diferente mientras la fuerza es la misma y viceversa (proposición 8), y que la misma fuerza se debe conservar siempre, a fin de que no haya jamás un cambio entre estados cuya rmuta podría producir un movimiento perpetuo, se sigue que con la mayor frecuencia no se conserva igual la cantidad de movimiento, sea que se transfiera toda la fuerza de un cuerpo a otro que es desigual a él, o que se transfiera una parte y se retenga la otra. Cosa que los geómetras prevén de entrada a causa de la diferencia que hay entre la razón simple y la doble. Ved el escolio de la proposición 7. He aquí una prueba analítica general para su satisfacción. Supongamos que dos cuerpos A y B se encuentran con las velocidades C y V, que después del choque tienen las velocidades *c* y *v*. Así pues, si las cantidades de movimiento se conservan, es preciso que AC+BV sea igual a A*c*+B*v*; pero, si las fuerzas se conservan, es preciso que ACC+BVV sea igual a A*cc*+B*vv*; sin embargo, es manifiesto que estas dos ecuaciones no podrían ser ambas verdaderas más que en alguna coyuntura particular, que incluso hay medio de determinar. Y he aquí la determinación para acabar pronto. *Dos cuerpos que chocan directamente no pueden conservar después del choque tanto la suma de las fuerzas como la suma de las cantidades de movimiento que tenían antes del choque, más que cuando la diferencia de las velocidades antes del choque es igual a la diferencia recíproca de las velocidades después del choque*. Esto sucede todas las veces que los cuerpos van hacia el mismo lado, tanto antes como después del choque[27].

[27] Cuando los cuerpos colisionantes se mueven con la misma dirección y sentido antes y después del choque (o sea, cuando un cuerpo más rápido alcanza a otro más lento que lo precede), la suma algebraica de sus cantidades de movimiento coincide con la suma aritmética de sus módu-

Observaciones

La consideración del equilibrio ha contribuido mucho a confirmar a las gentes en la opinión, que en sí misma parecía verosímil, de que la fuerza y la cantidad de movimiento resultan la misma cosa, y de que las fuerzas son iguales cuando las cantidades de movimiento son iguales, es decir, cuando las velocidades son inversamente proporcionales a los pesos, y de que, así, la fuerza de 4 libras, velocidad 1, es igual a la de 1 libra, velocidad 4[28]. Porque se ve que se produce un equilibrio todas las veces que los pesos están dispuestos de suerte que uno puede descender sin que el otro suba con velocidades inversamente proporcionales a los pesos. Pero hay que saber que ello sale bien como por accidente, porque entonces ocurre que de nuevo las alturas de la subida o del descenso son inversamente proporcionales a los pesos. Ahora bien, una regla general que se deduce por las razones que acabamos de proponer es *que las fuerzas están en razón compuesta de los pesos y de las alturas a las que pueden subir los pesos en virtud de sus fuerzas*. Y es oportuno considerar que el equilibrio consiste en un simple esfuerzo (*conatus*) antes del movimiento, y esto

---

los. No ocurre lo mismo cuando ambos cuerpos se mueven en sentidos opuestos antes, o antes y después del encuentro.

[28] En un comentario inédito a la *Brevis demonstratio*, Huygens había incidido precisamente en este punto (véase *Oeuvres complètes*, XIX, manuscrito F, 1686, pp. 162-165): «Se le puede oponer por qué pues, cuando se encuentran y chocan directamente dos cuerpos que, según él, tienen fuerzas motrices, iguales, no retroceden conservando cada uno su primera velocidad. Por ejemplo, si el cuerpo B es cuádruple del A y la velocidad de A es doble de la de B. Aquí las fuerzas motrices según el Sr. Leibniz, son iguales y, partiendo, parece que al encontrarse en C no debería prevalecer una de estas fuerzas a la otra, sino que cada cuerpo debería volver con la velocidad que tenía. Lo que, sin embargo, no ocurre. Sino que eso sucede cuando la velocidad de A es cuádruple de la de B. Parece, pues, que en este último caso se debería decir más bien que las fuerzas motrices son iguales, y no cuando una prevalece sobre otra.» Véase, al respecto R. Dugas, *La mécanique au XVIIe siècle*, 1954, p. 476.

es lo que llamo la *fuerza muerta*, que guarda la misma razón con respecto a la *fuerza viva* (que está en el movimiento mismo), que el punto a la línea[29]. Según esto, al comienzo del descenso, cuando el movimiento es infinitamente pequeño, las velocidades o, mejor, los elementos de las velocidades son como los descensos, mientras que después de la elevación, cuando la fuerza se ha vuelto viva, los descensos son como los cuadrados de las velocidades[30]. Hay aún una cosa que merece ser observada. Es que, cuando se encuentran directamente una bola de 4 libras de peso y un grado de velocidad y otra bola de una libra de peso y de 4 grados de velocidad, se impiden mutua/mente avanzar, como en el equilibrio, y que así, en cuanto al efecto de impedir el avance, tienen una misma fuerza respectiva. Sin embargo, sus fuerzas absolutas son bien desiguales, puesto que una puede producir 4 veces más efecto que la otra[31]. Ved la proposición 6.

---

[29] En un manuscrito editado por Gerhardt como apéndice a la *Brevis demonstratio*, se habla de potencia viva y potencia muerta, asimiladas respectivamente al ímpetu y al conato, añadiendo que están entre sí «como la línea al punto o el plano a la línea» (MS, VI, p. 121). En el *Dynamica de potentia*, se habla de fuerza viva y de fuerza muerta, y son comparadas al ímpetu y al peso (véase MS, VI, pp. 456-457). En el *Specimen dynamicum* quedará mejor delimitada la doctrina sobre este particular.

[30] «El *ímpetu* de la fuerza viva se compone con respecto a la mera solicitación de la fuerza muerta como el infinito a lo finito, o como en nuestras diferenciales las líneas a sus elementos. Y por aquí comprendemos que la naturaleza ha dispuesto una conciliación muy elegante entre la ley del equilibrio de los cuerpos en conflicto, que es relativa, y la ley de equivalencia de las causas y los efectos, que es absoluta, y esto por medio de una transición gradual, que evita cualquier tipo de salto. En efecto, no puede haber transición más que por crecimientos inasignables, o infinitamente pequeños, esto es, por fuerzas muertas. [...] En consecuencia, en el caso de un grave que recibe en cada instante de su caída un crecimiento igual e infinitamente pequeño de velocidad, se puede estimar a la vez la fuerza muerta y la fuerza viva: la velocidad crece como el tiempo; pero la fuerza misma absoluta, como el cuadrado de los tiempos, esto es, según el efecto. Según la analogía de nuestra geometría o de nuestro análisis, las solicitaciones son como dx, la velocidad como x, y las fuerzas como xx o $\int xdx$.» *Carta de Leibniz a de Volder*, enero de 1699, PS, II, pp. 154-156.

[31] Así pues, Leibniz distingue entre fuerza respectiva (y, por tanto, vectorial) y fuerza absoluta (o sea, escalar), por lo cual, a mi juicio, habría

Ahora bien, se trata aquí de la fuerza viva y absoluta. Varias paradojas así han contribuido mucho a embrollar la materia, tanto más cuanto se ha carecido de ideas bien distintas de las fuerzas y de sus diferencias. Pero espero que en nuestras *Dinámicas* se encontrarán estas cosas aclaradas a fondo[32].

Si alguien quiere dar otro sentido a la fuerza, como en efecto hay bastante costumbre de confundirla con la cantidad de movimiento, no quiero discutir sobre las palabras y dejo a los demás la libertad que me tomo de explicar los términos. Basta con que se me conceda lo que hay de real en mi sentimiento, a saber, que lo que yo llamo *fuerza* se conserva, y no lo que otros han llamado con este nombre[33]. Ya que de otro modo la naturaleza no observaría la ley de la igualdad entre el efecto y la causa, y haría un cambio entre dos estados, de los que, sustituido uno por otro, podría producirse el movimiento mecánico perpetuo, es decir, un efecto más grande que la causa.

También podría dar otra interpretación a la cantidad de movimiento, de acuerdo con la cual ésta se conservaría, pero no es la que los filósofos han

---

que matizar la crítica de Pierre Costabel, quien afirma que, a diferencia de Descartes, Leibniz «no concibe una mecánica con una *pluralidad* de "fuerzas".» *Leibniz et...*, p. 38.

[32] Leibniz se refiere al tratado *Dynamica de potentia*, esbozo de sistematización elaborado poco antes y que tenía intención de comunicar al público, según consta en la carta que envió a Foucher y que fue publicada en el *Journal de Sçavants* el 2 de junio de 1692: «La razón que me hizo dejar en Florencia un borrador de una nueva ciencia dinámica, es que allí había un amigo que se encargó de descifrarlo y de pasarlo a limpio, e incluso de publicarlo.» Leibniz, *Lettres et opuscules inédits*, ed. de Foucher de Careil, Ladrange, Paris, 1854, p. 91.

[33] «Y así tenemos también una diferencia entre *las definiciones nominales*, que sólo contienen notas de aquella cosa que es preciso distinguir de otras, y las definiciones *reales*, por las que consta que la cosa es posible. [...] Y las definiciones nominales son insuficientes para una ciencia perfecta, a no ser que se sepa con certeza por otro medio que la cosa definida es posible.» *Meditationes de cognitione...*, PS, IV, pp. 424-425 (trad. de E. de Olaso).

entendido[34]. Yendo, por ejemplo, los cuerpos A y B cada uno con su velocidad, la cantidad total de movimiento es la suma de sus cantidades de movimiento particulares, como la fuerza total es la suma de las fuerzas particulares; y así es como Descartes y sus partidarios han entendido la cantidad de movimiento, y para asegurarse de ello no hay más que ver las reglas del movimiento que han dado él u otros que han seguido su principio[35]. Pero si se quisiera entender por cantidad de movimiento no el movimiento tomado absolutamente (donde no se considera hacia qué lado va), sino el progreso total (o el movimiento respectivo), será la suma de las cantidades de movimiento particulares cuando los dos cuerpos van hacia el mismo lado. Pero cuando van uno contra otro, será la diferencia de sus cantidades de movimiento particulares. Y se encontrará que se conserva *la misma* cantidad de progreso[36]. Pero no hay que confundir esto con la cantidad de movimiento tomada en sentido ordinario. La razón de esta máxima del progreso aparece de algún modo, y es razonable que, no sobreviniendo nada de fuera, el todo (compuesto de los cuerpos en movimien-

---

[34] Como ya se ha indicado, es Newton (por tanto, un matemático, no un filósofo, al menos según la opinión dominante en el continente durante aquellos años) quien redefine en este sentido la noción de cantidad de movimiento. Hoy se acepta que la primera lectura leibniziana de los *Principia* hay que situarla a fines del verano de 1689. Véase E.A. Fellmann, *Einleitung* a Leibniz, *Marginalia in Newtoni Principia Mathematica*, 1973, p. 17.

[35] Por ejemplo, en la tercera regla (*Principes...*, II, § 48), Descartes hace que dos cuerpos iguales que chocan con velocidades 6 y 4, vayan después del choque en la dirección del primero con 5 grados de velocidad. La cantidad de movimiento total es 10 antes y después del choque si no se tiene en cuenta el sentido; pero, si se cuenta con él, es 2 antes del choque y 10 después.

[36] Leibniz asume la ley enunciada por Huygens en 1669: «La cantidad de movimiento que tienen dos cuerpos puede aumentar o disminuir en su encuentro; pero permanece siempre la misma cantidad hacia el mismo lado, sustrayendo la cantidad de movimiento contraria.» *Extrait...*, *Oeuvres complètes*, XVI, p. 180.

to) no se impida a sí mismo avanzar tanto como lo hacía[37]. Pero en otro lado he dado una demostración exacta de ello[38].

Todavía es oportuno observar que la fuerza se puede estimar sin tener en cuenta el tiempo. Porque una fuerza dada puede producir cierto efecto limitado que nunca sobrepasará, sea cual sea el tiempo que se le conceda. Y, sea que un resorte se recupere de repente o poco a poco, no elevará más peso a la misma altura, ni el mismo peso más alto. Y un peso que sube en virtud de su velocidad no llegará más alto, sea que suba perpendicularmente, o que suba oblicuamente por un plano inclinado, o bien por una línea curva. Es verdad que la subida oblicua exige más tiempo para llegar a la misma altura, pero también realiza más camino y mayores rodeos. De suerte que, para estimar la fuerza por el tiempo, hay que tener en cuenta también todos los caminos y todos los rodeos[39]. Pero se está dispensado de todo ello cuando sólo se tiene en cuenta el efecto que se puede producir después de todos esos rodeos. Así es, por ejemplo, como se prevé de entrada, sin tener apenas necesidad de demostración o razonamiento, que el surtidor, libre de todo obstáculo accidental, debe subir precisamente a la altura del agua o a

---

[37] Esta tesis, que equivale a la conservación del movimiento del centro de gravedad del sistema, no es coherente con una concepción relativista del movimiento.

[38] Véase *Dynamica de potentia*, II, propos. 12, MS, VI, pp. 496-499.

[39] No necesariamente, si en vez de considerar los obstáculos vencidos, se cifra la fuerza en las resistencias opuestas por dichos obstáculos. Esto es lo que hizo que d'Alembert prefiriera la estimación por la cantidad de movimiento: «Porque esta suma de resistencias es proporcional a la cantidad de movimiento, puesto que, en opinión general, la cantidad de movimiento que el cuerpo pierde en cada instante es proporcional al producto de la resistencia por la duración infinitesimal del instante; y la suma de estos productos es evidentemente la resistencia total.» *Encyclopédie...*, art. «Force», vol. VII, p. 114. La resistencia de la que habla aquí d'Alembert es, en definitiva, la fuerza impresa de Newton, y la resistencia total sería $\int f.dt = \int m.(dv/dt).dt = \int m.dv = m.v.$

la superficie superior[40]. Puesto que es a fin de que el agua pueda retornar precisamente por la abertura de arriba al vaso del que sale por la luz de abajo, y continuar siempre el mismo juego mediante un movimiento
106 físico perpetuo, al igual que un péndulo perfec/tamente libre debe remontar precisamente la altura de la que ha bajado; de otro modo el efecto entero no sería igual a la causa total. Pero, como es imposible excluir todos los obstáculos accidentales, este juego cesa pronto en la práctica; de otro modo sería el movimiento mecánico perpetuo. Sin embargo, esta consideración nos brinda un atajo para estimar los efectos de las fuerzas, o las fuerzas por los efectos, y para conocer las verdaderas leyes de la naturaleza.

Ya ha habido algunos hombres hábiles de esta época que han encontrado por experiencia y razones particulares que la cantidad de movimiento no podría conservarse siempre[41]. Pero como se abrigaba la creencia de que la cantidad de movimiento es la misma cosa que la fuerza, o que al menos las fuerzas están, como las cantidades de movimiento, en razón compuesta de las masas y las velocidades, y que así el crecimiento de la velocidad compensa precisamente el decrecimiento de la masa, costaba someterse a sus razones, que se sospechaban falsas[42]. Porque no se podía comprender

---

[40] Torricelli había afirmado que el agua que sale por un agujero perforado en el fondo de un vaso tiene la misma velocidad que la que habría adquirido cayendo desde el borde superior del agua. En 1668, Piccard realizó experiencias en la Academia de París para comprobarlo. Véase M. Blay, «Recherches sur les forces exercées par les fluides en mouvement à l'Académie Royale des Sciences: 1668-1669», en *Mariotte. Savant et philosophe*, 1986, pp. 93-94.

[41] Piensa seguramente en los trabajos de Wallis (1668), Wren (1668), Huygens (1669) y Mariotte (1673). Véase Dugas, *La mécanique...*, pp. 287-298.

[42] En el *Discours du mouvement local* de Ignace Pardiès (1670), se afirmaba que, aunque las reglas cartesianas del choque fuesen falsas, convenía seguir para corregirlas el mismo método de Descartes (véase P. Costabel, «Mariotte et les regles du mouvement», en *Mariotte...*, pp. 76-77).

cómo podía una parte de la fuerza perderse sin ser empleada en nada, o ganada viniendo de la nada. Se consideraba la masa como el agua y la velocidad como la sal que se disolvía en esta agua, y se concebía bien que la sal estuviese más extendida en más agua, o más concentrada en menos agua, e incluso extraída de un agua y transferida a otra. Pero ya he mostrado cómo se ha pecado en eso contra la metafísica real, y contra la ciencia de estimar las cosas en general[43].

Ahora que está establecida la verdadera noción de fuerza, y que se ha descubierto la fuente tanto del error como de la verdad, la gente estará dispuesta a desengañarse[44]. Todo ello es tanto más razonable, cuanto que el movimiento es una cosa pasajera que no existe nunca en rigor, puesto que sus partes jamás están juntas. Sino que es la fuerza (que es la causa del movimiento) la que existe verdaderamente, de modo que, además de la masa, la figura y su cambio (que es el movimiento), hay otra cosa en la naturaleza corpórea, a saber: *la fuerza*. Por tanto, no hay que extrañarse si la naturaleza (es decir, la sabiduría soberana) establece sus leyes sobre lo que es más real.

La conservación de la fuerza formaba parte de los axiomas generales del *Traité de physique* de Jacques Rohault (1671), el manual más difundido de la época. Véase Mouy, *Le développement...*, p. 118.

[43] Al identificar Descartes la materia con la sustancia extensa, el movimiento aparece como un elemento extraño que se suma a la materia, pero que no puede ser producido ni extinguido por ella. Leibniz resume esta situación con la imagen de la sal disuelta en el agua, y le opone su propia ontología, en la que el movimiento deriva de la fuerza, esto es, de la esencia de la materia. Precisamente había publicado en 1682 una *Meditatio de Separatione Salis et aquae dulcis*, AE, diciembre de 1682, pp. 386-388. En *De Causa Gravitatis* (1690) (MS, VI, p.202) emplea la misma imagen, y quiere acordarse del cartesiano Rohault como su inventor.

[44] Al menos así lo espera Leibniz, aunque con cierta inocencia, ya que ni siquiera Varignon, uno de los pocos destinatarios del Ensayo que prestó atención a la dinámica leibniziana, se hizo el menor eco de este opúsculo. Véase Costabel, *Leibniz et...*, p. 27.

III. EL ESPÉCIMEN DE DINÁMICA

ESPÉCIMEN DINÁMICO PARA ADMIRAR LAS LEYES DE LA NATURALEZA ACERCA DE LA FUERZA DE LOS CUERPOS Y PARA DESCUBRIR SUS ACCIONES MUTUAS Y RESTITUIRLAS A SUS CAUSAS[1]

I Parte

234 (1) Desde que hicimos mención de fundar la *Nueva Ciencia Dinámica*[2], muchos hombres egregios de diferentes lugares solicitaron una explicación más

[1] Artículo publicado en las *Acta Eruditorum* de Leipzig, abril de 1695, pp. 145-157 (ediciones: Dutens III, pp. 315-325; MS, VI, 234-246; Dosch y otros, pp. 2-37). Existe una primitiva redacción que contiene significativas diferencias, y que ha sido editada por primera vez en 1982 por H.G. Dosch, G.W. Most y E. Rudolph (pp. 64-89). La paginación indicada al margen corresponde al vol. VI de los *Mathematische Schriften*, editados por Gerhardt.

[2] Esto es, desde 1690, año en que se publicó la carta que había dirigido a Foucher en este sentido (véase *Extrait d'une lettre de M. Leibniz à*

235 detallada de esta doctrina. Así pues, y dado que aún no disponemos de tiempo para redactar un libro[3], expondremos en este lugar lo que pueda encender alguna luz, que, quizás, volverá a nosotros incluso con intereses, si atraemos las opiniones de aquellos que han unido la fuerza del pensamiento con la elegancia de la exposición, cuyos juicios reconocemos también que nos serán gratos y esperamos que serán de provecho para la buena marcha de la obra. Hemos advertido en otro lugar[4] que en lo corpóreo hay algo más que extensión, anterior incluso a ésta, a saber: la propia fuerza de la naturaleza inserta en todas partes por el Hacedor, que no consiste en una facultad simple, con la que las Escuelas parecen haberse contentado, sino que se asienta en un conato o esfuerzo [*nisu*], que tendrá efecto pleno, a no ser que se vea impedida por una tendencia contraria. Este esfuerzo se manifiesta a los sentidos por todas partes, y, a mi juicio, en todos los lugares es concebido en la materia por la razón, incluso cuando no se hace patente a los sentidos. Si esto no debe ya ser atribuido a Dios mediante un milagro, es preciso, por cierto, que aquella fuerza sea engendrada en los propios cuerpos por Él mismo, más aún, que constituya la naturaleza última de los cuerpos, puesto que el actuar es el carácter de las sustancias, mientras que la extensión

---

M. Foucher, JS, 2 de junio de 1690, pp. 247-249). En *De Causa Gravitatis* (1690) aparece también una alusión a «su dinámica» (véase MS, VI, p. 195).

[3] El *Dynamica de potentia* tiene las dimensiones de un libro, pero estaba inconcluso, y Leibniz no encontraba forma ni oportunidad de acabarlo: «Que aparezca sólo depende de mí. No tengo más que enviar el final. Pero todas las veces que pienso en ello se me ocurre tal cantidad de novedades, que todavía no he tenido tiempo de digerirlas.» *Extrait d'une lettre..., loc. cit.*

[4] Por ejemplo, en el *Specimen inventorum de admirandis naturae* (¿1686?), PS, VII, p. 314, o en el *Discours de métaphysique* (1686), p. 58 (ed. Lestienne).

no significa otra cosa que la continuación o difusión de una sustancia ya presupuesta que se esfuerza y se opone, esto es, que resiste; tanto dista de poder constituir la misma sustancia. Y no importa que toda acción corpórea sea a partir del movimiento, y el movimiento mismo no existe sino por el movimiento, bien en un cuerpo ya antes existente, o bien sea impreso desde el exterior. Porque el movimiento (lo mismo que el tiempo) nunca existe, si consideras el asunto *con toda exactitud*, puesto que nunca existe como todo, puesto que no tiene partes coexistentes. Y en él mismo nada es real más que lo momentáneo que tiene que consistir en la fuerza tendente al cambio. Por tanto, en esto estriba cualquier cosa que existe en la naturaleza corpórea, fuera del objeto de la Geometría o extensión. Y por esta razón, en fin, se atiende tanto a la verdad como a la doctrina de los antiguos. Y como nuestra época absolvió del desprecio a los corpúsculos de *Demócrito*, a la ideas de *Platón* y a la serenidad de los *estoicos* en el óptimo encadenamiento de las cosas[5], así ahora las enseñanza de los *peripatéticos* acerca de las Formas o Entelequias (que con justicia parecieron enigmáticas y apenas fueron correctamente percibidas por sus propios autores) serán reducidas a nociones inteligibles; ya que consideramos necesario preferir explicar una Filosofía tan aceptada por tantos siglos, de tal modo que se mantenga en la medida de lo posible, e ilustrarla en lo sucesivo y engrandecerla con nuevas verdades, antes que abolirla.

(2) Y este método de estudio me parece especialmente acomodado tanto a la prudencia del docente como a la utilidad de los discentes, a fin de que no

---

[5] Los realizadores de la última edicion del *Espécimen* opinan que Gassendi y Huygens son los renovadores del atomismo aludidos aquí; Cudworth y Henry More, los del platonismo; Descartes y Spinoza, los del estoicismo. Véase *Erläuterungen zu Specimen Dynamicum*, en Leibniz, *Specimen dynamicum*, 1982, p. 101.

parezcamos más deseosos de destruir que de edificar, y para que no seamos arrojados, inciertos cada día,
236 en medio de perpetuos cambios de doctrina por los soplos de los ingenios audaces, sino que el género humano, refrenada alguna vez al fin la pasión de las sectas (a la que estimula la vana gloria de innovar), determinados ciertos dogmas seguros, avance sin tropiezos hasta lo más alejado no menos en la Filosofía que en la Matemática, puesto que en los escritos de los hombres insignes, antiguos y más recientes (si suprimes aquellos pasajes en que hablan más duramente unos contra otros), suele haber mucho de verdadero y bueno, que merece ser extraído y transportado a los tesoros públicos. Y ojalá prefieran hacer esto los hombres que pasar el tiempo con críticas, en las que tan sólo compiten para su vanidad. A nosotros, realmente, a quienes la fortuna nos ha sido propicia en ciertos asuntos nuevos y nuestros, de tal modo que los amigos nos encomiendan que pensemos sólo en ellos[6], no sé cómo, en cambio, nos agradan muchas cosas ajenas, y cada una es valorada en su precio, aunque diverso; quizás la causa de ello es que, removiendo cosas, hemos aprendido a no desdeñar nada[7]. Pero ahora volvamos a nuestro camino.

---

[6] Así, Huygens le animaba por aquellos años a componer un libro sobre el nuevo cálculo infinitesimal: «Podríais hacer un excelente Tratado sobre los diversos usos de [vuestro] cálculo, y os exhorto a ello como a una obra muy bella y útil, y que debe venir de vos antes que de cualquier otro.» *Carta a Leibniz* del 29 de mayo de 1694, *Oeuvres complètes*, X, p. 610.

[7] En efecto, la curiosidad y el deseo de aprender de otros es un rasgo tan característico de Leibniz, que se pasó la vida escudriñando archivos y bibliotecas, y que, cuando tenía conocimiento de la muerte de algún sabio o erudito, se dirigía a sus albaceas para evitar que sus descubrimientos inéditos se perdieran por culpa de unos herederos descuidados. El mismo año de 1696, por ejemplo, adquirió por cuenta de su príncipe la biblioteca [illegible] *Leben und Werk von G.W. Leibniz*, 1969, pp. 142-143). Esta costumbre no dejó de acarrearle acusaciones de plagio, como la que plantearon Newton y sus seguidores.

(3) Por lo que respecta a la *Fuerza Activa* (que, con algunos, se podría llamar *Virtud*), ésta es doble, a saber: en tanto que *primitiva* está presente en toda sustancia corpórea por sí (ya que creo que un cuerpo enteramente en reposo repugna a la naturaleza de las cosas), o derivativa, que es ejercida en forma varia, como por limitación de la primitiva resultante de los choques de los cuerpos entre sí. Y la primitiva sin duda (que no es ninguna otra cosa que la *primera entelequia [entelecheia hê prôte]*), responde *al alma o forma sustancial*, pero por ello mismo no atañe sino a las causas generales, que no pueden ser suficientes para explicar los fenómenos. Así pues, estamos de acuerdo con los que niegan que se deba hacer intervenir las formas en la determinación de las causas propias y especiales de las cosas sensibles: vale la pena advertir esto, para que, mientras las reconducimos al punto de partida como en un retorno para descubrir las fuentes de las cosas, no parezca que, simultáneamente, queremos volver a las vanas discusiones de la Escuela[8]. Entre tanto, es necesario su conocimiento para filosofar correctamente, y nadie piense que comprende suficientemente la naturaleza del cuerpo, a no ser que haya dirigido su atención a tales cosas y haya entendido que es grosera, por no decir falsa, una noción de la sustancia corpórea que depende de la sola imaginación, y que, por abuso de la filo-

[8] «Estoy de acuerdo en que la consideración de estas formas no sirve para nada en el detalle de la física, y no debe ser empleada en la explicación de los fenómenos en particular. [...] Pero este defecto y mal uso de las formas no deben hacernos rechazar una cosa cuyo conocimiento es tan necesario en Metafísica, que estoy convencido de que sin ellas no se podrían conocer bien los primeros principios, ni elevar suficientemente el espíritu al conocimiento de las naturalezas incorpóreas y de las maravillas de Dios.» *Discours de métaphysique*, pp. 38-39 (ed. Lestienne). Gueroult opina que el recurso a las formas sustanciales lo toma Leibniz de Honoré Fabri, quien las concebía como simples relaciones. Véase *Leibniz. Dynamique...*, p. 56.

sofía corpuscular (de por sí eminente y muy cierta), ha sido introducida desde hace algunos años incautamente, como consta incluso a partir de este argumento, que no excluye de la materia un omnímodo reposo y quietud, ni puede aportar las razones de las leyes que moderan la fuerza derivativa de la naturaleza[9]. En forma semejante, también es doble la fuerza pasiva, bien primitiva, bien derivativa. Y, sin duda, *la fuerza primitiva de soportar o resistir* constituye lo mismo que, si se ha interpretado correctamente, se
237 denomina en las Escuelas *materia primera*, gracias a la cual, evidentemente, se logra que el cuerpo no sea penetrado por otro cuerpo, y se opone a él una resistencia, y, al mismo tiempo, está dotado de una cierta inercia, por así decir, esto es, de una repugnancia al movimiento, y no soporta por ello ser impulsado por la fuerza del agente, a no ser quebrantada ésta en algo. De donde, a continuación, *la fuerza derivativa de soportar* se muestra de forma variada en la *materia segunda*. Pero nuestro objetivo es, abstraídas y supuestas aquellas cosas generales y primitivas por las que se nos enseña que, por su forma, todo cuerpo siempre actúa y, por su materia, todo cuerpo siempre soporta y resiste, avanzar ahora, sin duda, más lejos, y tratar en esta doctrina *de las virtudes y resistencias derivativas*, hasta qué punto los cuerpos son eficaces por sus variados esfuerzos o, por el contrario, resisten de forma distinta; pues a éstos se acomodan las leyes de las acciones, que no sólo son inteligibles por la razón, sino que también se comprueban por la propia sensación mediante los fenómenos.

(4) Por tanto, en este lugar entendemos que la fuerza derivativa, con la que evidentemente los cuerpos actúan mutuamente sobre sí en el acto o se soportan mutua-

[9] Anticipo de la autocrítica a la doctrina contenida en la *Hypothesis physica nova*, que desarrolla en los párrafos 10-11 de este mismo escrito.

mente, no es otra que la que está unida al movimiento (evidentemente local), y sucesivamente tiende a producir un movimiento local. Pues reconocemos que los restantes fenómenos materiales pueden explicarse por el movimiento local[10]. El movimiento es un continuo cambio de lugar; así pues, necesita del tiempo. Sin embargo, el móvil existente en el movimiento tiene una *velocidad*, que es tanto mayor cuanto más espacio recorre y menos tiempo consume. La velocidad tomada con la dirección se denomina *Conato*; por otro lado, el *Ímpetu* es el producto de la masa del cuerpo por la velocidad[11], y precisamente su cantidad es lo que los cartesianos suelen llamar cantidad de movimiento, evidentemente momentánea, aunque, hablando más cuidadosamente, la cantidad del movimiento mismo, sin duda existente en el tiempo, nace de la suma de los ímpetus existentes en el móvil en un tiempo (iguales o desiguales) conducidos ordenadamente en el tiempo. Sin embargo, nosotros, que discutimos con ellos, seguimos su forma de hablar. E incluso como (de una forma cómoda para el modo de hablar doctrinal) podemos distinguir del cambio ya realizado o por realizar el cambio que ahora se hace, como un incremento o elemento de cambio, como cabe distinguir el descenso presente del descenso ya realizado al que incrementa, así podríamos discernir un elemento presente o instantáneo del propio movimiento difuso durante un espacio de tiempo y lla-

---

[10] Esta tesis implica un compromiso teórico mecanicista, asumido y mantenido por Leibniz desde el inicio de su carrera. Véase *Carta a Thomasius* del 20-30 de abril de 1669, PS, I, p. 24.

[11] En la primera redacción del *Espécimen* dice lo siguiente: «Pero tanto la solicitación como el ímpetu los llamo con el nombre común de esfuerzo [*Nisum*], y a veces también conato, el cual, sin embargo, es utilizado más a menudo para la solicitación; de donde se comprende que infinitas solicitaciones hacen un ímpetu[...].» *Specimen...*, ed. Dosch y otros, p. 66. Es evidente que Leibniz no ha conseguido desarrollar todavía su doctrina dinámica hasta un punto que le permita adoptar una terminología precisa e inequívoca.

marlo Moción; y así se denominará *cantidad de movimiento* la que vulgarmente se atribuye al movimiento. Y, aunque una vez conseguida la interpretación seamos
238 prolijos en palabras, en cambio conviene que antes seamos cuidadosos con ellas, para no ser engañados por la ambigüedad.

(5) Por tanto, así como la estimación del movimiento durante un espacio de tiempo se produce a partir de infinitos ímpetus, del mismo modo el propio ímpetu, a su vez, se produce a partir de los grados infinitos impresos sucesivamente al mismo móvil, y tiene cierto elemento, del cual no puede nacer si no es reproducido infinitas veces. Imagina que un tubo AC (fig. 4) en el plano horizontal de esta página gira

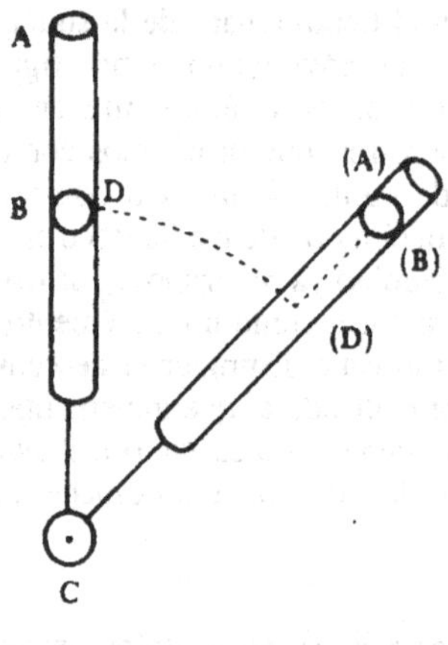

con una cierta celeridad uniforme en torno al centro C, que no se mueve, y una bola B existente en la cavidad del tubo se libera de vínculo e impedimento y comienza a moverse por la fuerza centrífuga; es evidente que, al comienzo, el conato a alejarse del centro, con el que evidentemente la bola B en el tubo tiende hacia su extremidad A, es infinitamente pequeño respecto del ímpetu que tiene ya por la rotación, o por la que la bola B con el tubo mismo tiende desde C hasta (D), conservada la distancia del centro. Pero, al continuar por algún tiempo la impulsión centrífuga procedente de la rotación, conviene que nazca en la bola por el propio avance un ímpetu centrífugo completo (D)(B) comparable con el ímpetu de la rotación D(D). De aquí se deduce que es doble el *esfuerzo* [*nisum*], a saber, elemental o infinitamente pequeño, al que también llamo *solicitación*, y el formado por la continuación o repetición de los esfuerzos elementales, esto es, del propio ímpetu, aunque no quiera por ello que estos Entes Matemáticos se encuentren exactamente así en la naturaleza, sino que sirven tan sólo para hacer cuidadosas evaluaciones por abstracción del pensamiento[12].

(6) A partir de aquí, también la *Fuerza* es doble: una elemental, a la que también llamo *muerta*, puesto que en ella aún no existe el movimiento, sino tan sólo la instigación al mismo, cual es la de la bola en el tubo, o la de la piedra en la honda, incluso mientras aún es

---

[12] La relación entre los conceptos del nuevo cálculo y la realidad constituye un problema importante dentro del planteamiento leibniziano. En el período inicial de la elaboración de su filosofía mantiene una interpretación idealista de esta relación, pero luego prospera el criterio de que los entes matemáticos no son estrictamente reales, sino tan sólo condición de posibilidad de la realidad, por lo que no es preciso discutir su estatuto ontológico. «Los matemáticos, sin embargo, no tienen en absoluto necesidad de las discusiones metafísicas, ni de embrollarse con la existencia real rigurosa de los puntos, los indivisibles, los infinitésimos y los infinitos. [...] Para el rigor de sus demostraciones, a los matemáticos les basta con tomar, en lugar de las infinitesimales, magnitudes tan pequeñas como haga falta para mostrar que el error es menor que el que quisiera designar un adversario[...].» *Reponse aux reflexions contenues dans le Dictionnaire de Bayle, art. Rorarius* (1702), PS, IV, p. 569. Brunschvicg cree que el último Leibniz tiende a relegar todos los principios intelectuales del análisis infinitesimal al rango de meras ficciones sin consistencia intrínseca, que sólo se justifican por el éxito de su aplicación: el primitivo idealismo deja paso a un relativismo escéptico que afecta a los principios intelectuales que lo sustentaban. Véase L. Brunschvicg, *Les étapes de la philosophie mathématique*, 1972, pp. 240-243.

retenida por un vínculo; otra en verdad es la fuerza ordinaria, asociada al movimiento actual, a la que llamo *viva*[13]. Y, sin duda, un ejemplo de fuerza muerta es la propia fuerza centrífuga, y también la fuerza de gravedad o centrípeta, y también la fuerza por la que un cuerpo elástico en tensión comienza a replegarse. Pero en la percusión, que nace de un peso que cae ya durante algún tiempo, o de un arco que se recupera durante un tiempo, o de una causa similar, la fuerza es viva, y nacida de las infinitas impulsiones continuadas de la fuerza muerta. Y esto es lo que quiso Galileo cuando, con enigmática forma de hablar, llamó infinita a la fuerza de percusión, a saber, si se la compara con el esfuerzo simple de la gravedad[14]. Aunque el ímpetu está siempre unido a la fuerza viva, sin embargo, se demostrará a continuación que estas dos cosas difieren.

(7) *La fuerza viva* en alguna asociación de cuerpos de nuevo puede ser comprendida como doble, a saber: *total*
239 o *parcial*; y de nuevo *la parcial*, o respectiva o directiva, es decir, o propia de sus partes o común. *La respectiva o propia* es aquella con la que los cuerpos comprendidos en una asociación pueden actuar entre sí; *la directiva* o *común* es aquella con la que, además, el propio agregado puede actuar fuera de sí. La llamo directiva, porque la

---

[13] En la primera redacción del *Espécimen*, esta frase aparece así: «Por tanto, en mi modo de hablar, la fuerza con que los cuerpos interactúan es doble. Una es la *fuerza muerta* o *dormida [sopita]* o, si se prefiere, incoada. Pero la otra es viva o excitada o, si se prefiere, formada.» *Specimen...*, ed. Dosch y otros, p. 66. Gueroult pretende que se trata de la primera aparición del término «fuerza viva» (véase *Leibniz. Dynamique...*, p. 33). Costabel remonta más atrás la oposición entre fuerza viva y muerta, concretamente hasta 1686, ya que en un anexo inédito a la *Brevis demonstratio* se habla de *potentia viva* y *potentia mortua* (MS, VI, p. 121; véase Costabel, *Leibiz et...*, p. 50). El titubeo terminológico que revela el empleo de varios sinónimos en la primera redacción hace que G.W. Most (su descubridor) se incline en favor de Gueroult (véase *Zur Entwicklung von Leibniz' Specimen dynamicum*, 1984, p. 150).

[14] Véase Galileo, *Discorsi...*, Jornada sexta: «Sobre la fuerza de percusión», *Opere* ed. Favaro, VIII, p. 330.

fuerza íntegra de la dirección se conserva en esta fuerza parcial. Ella sola sobreviviría si de repente uno se imaginase que el agregado se congela, suprimido el movimiento de sus partes entre sí. De donde, de la fuerza respectiva y directiva, tomadas conjuntamente, se compone *la fuerza total absoluta*. Pero estas cosas se entenderán mejor a partir de las reglas que enseñaremos a continuación.

(8) Los antiguos, según consta, sólo tuvieron una ciencia de la fuerza muerta, y ésta es la que vulgarmente se denomina Mecánica, que trata de la palanca, de la polea, el plano inclinado (al que pertenecen la cuña y el tornillo), el equilibrio de los líquidos y semejantes, donde no se trata sino de la primera tendencia de los cuerpos recíprocamente entre sí, antes de alcanzar el ímpetu en el actuar[15]. Y aunque las leyes de la fuerza muerta pueden ser transferidas de algún modo a la viva, sin embargo, se necesita gran precaución, habiendo sido engañados por ello los que confundieron en general la fuerza con la cantidad resultante del producto de la masa por la velocidad, ya que comprendieron que la fuerza muerta estaba en razón compuesta de estas cosas[16]. Pues este hecho ocurre allí por una

[15] Parte esencial de la estrategia argumentativa de Leibniz es la idea que aquí expone: los antiguos se habrían limitado a considerar las condiciones del equilibrio estático y su ruptura (fundamentalmente en el escrito de Arquímedes *Del equilibrio de los planos o de sus centros de gravedad*). Aunque la teoría estática contempla solamente las leyes del equilibrio, en la tradición escolástica se llegó a extender el principio de las velocidades virtuales que las rige (existe equilibrio cuando se igualan los productos de las fuerzas aplicadas —o bien de los pesos, que a menudo se confunden con las masas— por las velocidades que eventualmente se generarían en sus puntos de aplicación, si dicho equilibrio fuera roto) al trabajo mecánico que puede ser desarrollado con ayuda de las máquinas simples. Todavía Galileo asume este confuso principio (véase Dugas, *La mécanique*..., p. 71) y, según hemos visto, Nicolas Poisson trata de atribuirlo también a Descartes, aun cuando éste había defendido en realidad la validez del principio de los trabajos virtuales en lo relativo al esfuerzo desarrollado por las máquinas (equivalencia de los productos de las fuerzas por los trayectos recorridos por los puntos de aplicación).

[16] El tránsito de un ámbito a otro requiere, según Leibniz, la aplicación del nuevo cálculo infinitesimal, y por esta razón fracasaron los mecá-

razón especial, como ya en otro momento advertimos, puesto que (por ejemplo), al descender varios graves, los propios descensos, o las mismas cantidades de los espacios recorridos en el descenso, son en todos los casos proporcionales a los esfuerzos de caída en el mismo comienzo del movimiento, siendo en efecto aún infinitamente pequeños o elementales. Pero, realizada la progresión y nacida la fuerza viva, las velocidades adquiridas no son ya proporcionales a los espacios recorridos en el descenso, para los que en otro momento ya mostramos la fuerza que se habría de estimar, y la mostraremos más extensamente, pero tan sólo para sus elementos. Galileo empezó a tratar de la fuerza viva (en concepto, aunque, sin embargo, con otro nombre) y fue el primero que explicó cómo el movimiento nace de la aceleración de los graves que descienden[17]. Descartes[18] distinguió correctamente la

---

nicos de la Edad Moderna que trataron de llevarlo a cabo sin disponer de dicho método.

[17] «Puesto que, según creo, en el caso del grave que es impelido hacia arriba, la fuerza [*virtù*] imprimida por el cuerpo que la proyecta va disminuyendo continuamente. Esta fuerza, mientras sea superior a la que actúa en sentido contrario, o sea, a la gravedad, lo impulsa hacia lo alto. Ahora bien, una vez que hayan alcanzado una y otra un estado de equilibrio, el móvil deja de ascender, pasando al estado de reposo, en el cual el impulso [*impeto*] que se le había imprimido no queda aniquilado sin más ni más, sino que comienza a desaparecer lo que antes prevalecía sobre la gravedad del móvil y que era la causa de que lo hiciera subir. Al ir disminuyendo este impulso [*impeto*] sobreañadido y comenzar consecuentemente a tomar ventaja el peso [*gravità*], empieza la caída con lentitud a causa de la fuerza [*virtù*] que traía impresa el móvil y buena parte de la cual permanece todavía en éste. Ahora bien, en cuanto dicha fuerza va disminuyendo continuamente, siendo superado cada vez más por la gravedad, el resultado es la continua aceleración del movimiento.» Galileo, *Discorsi...*, *Opere* ed. Favaro, VIII, p. 201 (trad. de J. Sádaba).

[18] En la primera redacción se menciona aquí lo siguiente: «Joachim Jungius, aunque hizo muchas preclaras observaciones, también con respecto a la fuerza viva, sin embargo se alejó mucho de las leyes generales.» *Specimen...*, ed. Dosch y otros, p. 70. J. Jungius (1587-1657), naturalista y filósofo alemán, es uno de los creadores de la moderna botánica y era altamente apreciado por Leibniz.

velocidad de la dirección y vio que ello se sigue incluso en el choque de los cuerpos, con lo que apenas cambian las cosas anteriores[19]. Pero estimó incorrectamente que el cambio es mínimo cuando cambia sólo la dirección o sólo la velocidad, habiendo debido establecerse el cambio como mezcla de ambos: se le escapó de qué modo debe producirse esto, puesto que no le parecía a él, entonces más atento a las cuestiones modales que a las reales, que cosas tan heterogéneas pudiesen ser comparadas y mezcladas, para no mencionar otros *lapsus* suyos en esta doctrina[20].

(9) *Honorato Fabri*[21], *Marco Marci*[22], *Juan Alfonso*
240 *Borelli*[23], Ignacio *Bautista Pardies*[24] y *Claudio de Chales*[25], y otros hombres muy sutiles, proporcionaron ideas no despreciables en la doctrina sobre el movimiento, pero en cambio no evitaron errores, y éstos capitales. Por lo que yo sé, *Huygens* fue el primero que iluminó nuestra época con importantes descubrimientos, y me parece que también en este argumento llegó a la verdad pura y líquida, y liberó esta doctrina de paralogismos, según ciertas reglas publicadas en otro tiempo. *Wren* también. *Wallis* y *Mariotte*, hombres destacados

---

[19] «Que el movimiento no es contrario a otro movimiento, sino al reposo; y la determinación de un movimiento hacia un lado, a su determinación hacia otro.» Descartes, *Principes...*, II, § 22, *Oeuvres*, AT, IX-2, p. 88.

[20] Para un estudio sistemático de las discrepancias de Leibniz con respecto a la mecánica cartesiana, véase I. Belaval, *Leibniz critique de Descartes*, 1978, pp. 450-526.

[21] Véase nota 8 de la *Breve demostración*.

[22] Marcus Marci (1595-1667), polígrafo ligado al emperador austríaco Fernando III, fue profesor en Praga, donde realizó estudios empíricos sobre el problema del choque, cuyos resultados publicó en *De proportione motus* (1639).

[23] Véase nota 10 de la *Breve demostración*.

[24] Ignace Gaston Pardies (1636-1673), matemático jesuita, con el que Leibniz hizo amistad en 1672 durante su estancia en París. Publicó un *Discours du mouvement local* (1670), donde se oponía a la mecánica de Descartes y desarrollaba la teoría de Huygens de un modo muy discutible.

[25] Véase nota 9 de la *Breve demostración*.

en estos estudios, descubrieron casi las mismas reglas, aunque por diferentes caminos[26]. Sin embargo, no hay la misma opinión acerca de las causas; por lo que los hombres eminentes en estos estudios no siempre admiten las mismas conclusiones. Y, por ello, las verdaderas fuentes de esta doctrina aún no se han cerrado. Y no todos admiten lo que a mí me parece seguro[27]: que la repulsión o reflexión no parte sino de la fuerza elástica, esto es, por un contraesfuerzo del movimiento interno[28]. Ni nadie explicó antes que nosotros la propia noción de las fuerzas, asunto éste que ha turbado hasta hoy a los cartesianos y a otros que, por ello incluso, no pudieron comprender que la suma de movimiento o ímpetu (que tienen por cantidad de fuerzas) pudiera resultar tras el encuentro distinta de la anterior, por lo que incluso pensaron que la cantidad de las fuerzas cambiaba.

(10) Siendo aún joven, y estableciendo entonces la naturaleza del cuerpo únicamente en la masa inerte, de acuerdo con Demócrito y sus seguidores en este asunto, Gassendi y Descartes, me salió un librillo con el título de *Hipótesis física*[29], en el que simultáneamente expuse una teoría del movimiento abstraída del sistema y adaptada a él, que creo gustó a muchos hombres ilustres más allá del mérito de su mediocridad[30]. Allí esta-

---

[26] Sobre todo ello, véase R. Dugas, *Histoire de la mécanique*, pp. 165-190.

[27] En la primera redacción, esta frase empieza así: «A pesar de que Jungius y Hobbes vieron, lo que en especial explicó Mariotte, etc.» *Specimen...*, ed. Dosch y otros, p. 72.

[28] En una *Carta a de Volder* del 24 de marzo de 1699 (PS, II, p. 169) Leibniz se asombra de que Huygens no deduzca sus leyes del choque del «*Elastro*». Véase A. Heinekamp, «Huygens vu par Leibniz», en *Huygens en France*, p. 106. Véase también *Carta a de Volder* (sin fecha), PS, II, pp. 161-162.

[29] *Hypothesis Physica Nova Quâ Phaenomenorum Naturae plenorumque causae ab unico quodam universali motu, in globo nostro supposito, neque Tychonicis, neque Copernicanis aspernando, repetuntur*, Küchler, Mainz, 1671; Martin, London, 1671.

[30] Se refiere al informe que efectuó Wallis del escrito, y a la nota de

blecí, supuesta tal noción de cuerpo, que todo colisionante comunica su conato al que lo recibe o directamente le sale al paso[31]. Pues, puesto que en el momento de la colisión intenta avanzar y arrastrar consigo al que lo recibe, y aquel conato (a causa de la indiferencia del cuerpo al movimiento o al reposo entonces supuesta por mí) debe tener su efecto por completo en el que lo recibe, a no ser que se vea impedida por un conato contrario; más aún, aunque se vea impedida por él, puesto que es conveniente tan sólo que aquellos diversos conatos se compongan entre sí; era evidente que ninguna causa podía ofrecerse de por qué no consigue el colisionante su efecto, al que tiende, o por qué el que lo recibe no recibe también todo el impulso del mismo, y que, a tal punto, el movimiento del que lo recibe está compuesto por un conato primitivo suyo y de uno nuevo o ajeno que recibe. A partir de lo cual demostraba a continuación que si sólo se apreciasen en los cuerpos las nociones matemáticas, la magnitud, la figura, el lugar y sus cambios respectivos, o en el mismo momento de la
241 colisión los conatos de cambio, sin ningún conocimiento de las nociones metafísicas, de una potencia que evidentemente actúa en la forma, y de una inercia o resistencia al movimiento de la materia, y si fuera necesario que el resultado del concurso se determinara, como explicamos, únicamente por la composición geométrica de los conatos, entonces debería seguirse la comunicación de los conatos del colisionante, aunque sea mínimo, a todo receptor, aun siendo máximo, y a tal punto una cosa máxima en reposo sería arrastrada por el colisionante, por pequeño que sea, sin ninguna demora de éste, siendo así que en tal noción de la materia no se

---

agradecimiento que le remitió Oldenburg por haberlo enviado a la *Royal Society*. Véase G.E. Guhrauer, *Gottfried Wilhelm Freiherr von Leibniz*, 1846, I, p. 75.

[31] Tesis establecida en el escrito *Theoria motus abstracti* (1671), coetáneo y complementario de la *Hypothesis Physica Nova*. Véase MS, VI, pp. 72-74.

contiene ninguna repugnancia de ésta al movimiento, sino más bien indiferencia. De lo cual resultaría que no sería más difícil impulsar a una cosa grande en reposo que a una pequeña, y que existiría además acción sin reacción, no pudiendo hacerse ninguna estimación de la potencia, pudiendo cualquier cosa ser sobrepasada por cualquier otra. Puesto que estas cosas, y muchas otras de la misma índole, son contrarias al orden real y pugnan con los principios de la auténtica Metafísica, por ello, sin duda, pensé entonces (y, en efecto, con razón) que el sapientísimo Hacedor de las cosas evitó en la estructura de su sistema las que se obtendrían de por sí de las meras leyes del movimiento, reiteradamente buscadas a partir de la Geometría pura[32].

(11) Pero luego, tras escrutarlo todo con mayor profundidad, vi en qué consistía la explicación sistemática de las cosas, y advertí que aquella hipótesis anterior de la noción corpórea no era completa, y se podía comprobar tanto por otros argumentos como incluso por esto mismo, ya que en el cuerpo, además de magnitud e impenetrabilidad, debe suponerse algo de donde surge la consideración de las fuerzas[33]; añadiendo las leyes metafísicas correspondientes a las leyes de la extensión, nacen estas mismas reglas del movimiento, que

---

[32] «La insuficiencia de la teoría física tiene como correlato, por tanto, una intervención potente de lo metafísico y de lo psíquico en lo físico, una transposición de lo foronómico en psicológico.» Gueroult, *Leibniz. Dynamique...*, p. 17.

[33] En la primera redacción, Leibniz incluye a estas alturas un párrafo en el que polemiza contra Newton: «[...]advertí que, sin embargo, la naturaleza del movimiento es de tal modo respectiva, que a partir de los fenómenos no podría ser determinado con rigor matemático cuál está en reposo, o qué cuerpo se mueve con cuánto movimiento, sin excepción del movimiento circular, si bien Isaac Newton (la Inglaterra erudita no tiene mayor gloria que él) era de otra opinión, el cual fijaba en el movimiento circular centrífugo el criterio para distinguir el [movimiento] absoluto del relativo.» *Specimen...*, ed. Dosch y otros, p. 74. En el párrafo 6 de la segunda parte hay otra alusión semejante, si bien menos explícita.

había llamado sistemáticas, a saber: que todo cambio se produce por grados, y toda acción se da junto con la reacción, y una nueva fuerza no se manifiesta sino en detrimento de otra anterior, y por ello siempre lo que arrastra es retardado por lo arrastrado, y no se contiene más o menos potencia en el efecto que en la causa. Ley que, al no derivarse de la noción de masa, es necesario que se derive de otra cosa que se encuentra en los cuerpos, es decir, de la misma fuerza, que evidentemente siempre tiene la misma cantidad, aunque sea ejercida por diversos cuerpos[34]. De aquí, pues, colegí que, además de los aspectos puramente matemáticos y sujetos a la imaginación, había que admitir ciertas cuestiones metafísicas perceptibles sólo por la mente, y había que añadir a la masa material algún principio superior y, por así decir, formal, puesto que todas las verdades de las cosas corpóreas no pueden colegirse únicamente de los axiomas logísticos[35] y geométricos, o sea, de lo grande y lo pequeño, del todo y la parte, la figura y la situación, sino que deben añadirse otras cosas sobre la causa y el efecto, la acción y la pasión, con las que se salven las razones del orden de las cosas. No importa que lla-
242 memos a este principio Forma o Entelequia [*entelecheia*] o Fuerza, con tal que recordemos que se explica inteligiblemente por la mera noción de las fuerzas[36].

(12) No puedo consentir que hoy ciertos varones eminentes, viendo esto mismo: que la noción vulgar de la materia no basta, introduzcan a Dios *ex machina*, y priven a las cosas de toda capacidad de actuar[37], como

[34] Una crítica de las posiciones que ha defendido en sus primeras obras aparece ya en el *Phoranomus seu de Potentia et Legibus Naturae*, escrito en Roma en 1689, después de leer una recensión de los *Principia* de Newton. Véase C.I. Gerhardt, *Zu Leibniz' Dynamik*, 1688, pp. 575-581.

[35] El *ars logistica* es la aritmética. Véase Casiodoro, *Variae*, 3, 52, 3.

[36] Véase *Discours de métaphysique*, XII, pp. 41-42 (ed. Lestienne).

[37] Alusión a Malebranche, con quien ha mantenido entre 1692 y 1694 un intercambio de correspondencia relativo a las leyes del choque (PS, I, pp. 343-352), en el que éste se ha resistido a sus argumentos, por no ver

en cierta filosofía mosaica (como Fludd en otro tiempo la llamaba)[38]. Aunque concederé que vieron con claridad que ningún influjo propio había de una sustancia creada a otra, si el asunto se lleva hasta su rigor metafísico, y confesaré también de buen grado que todas las cosas surgen de Dios por una creación siempre continua; sin embargo, creo que no hay ninguna verdad natural en las cosas cuya razón dependa de modo inmediato de la acción o voluntad divinas, sino que en las cosas mismas ha sido introducido por Dios algo de lo que todos los predicados se derivan. Consta, ciertamente, que Dios no sólo creó los cuerpos, sino también las almas, a las que corresponden las entelequias primitivas. Verdaderamente, en otro lugar, demostraremos esto, presentando más profundamente sus verdaderas razones[39].

(13) Entre tanto, aunque admita un principio activo superior a las nociones materiales y, por así decir, vital, por todas partes en los cuerpos, no por ello estoy de acuerdo con Henri More y otros hombres insignes por su piedad e ingenio, que se sirven de no sé qué *Arché* o principio hilárquico para explicar los fenómenos, como si, en efecto, no todo pudiese explicarse mecánicamente en la naturaleza, y como si los que se empeñan en esto pareciesen suprimir lo incorpóreo, no sin sospecha de impiedad[40], o como si fuese necesario, de acuerdo con

---

en tales leyes más que la aplicación de un decreto arbitrario de Dios, en lugar de una consecuencia necesaria de principios ontológicos racionalmente penetrables.

[38] Robert Fludd (1574-1637), médico y teósofo inglés, autor de un sistema que combina múltiples corrientes de pensamiento esotérico. Entre sus muchas obras se cuenta la *Philosophia Mosaica* (Gouda, 1638). Su filosofía, un panteísmo materialista, explica el Universo como resultado de la separación, dentro de la unidad divina, de un principio activo (*voluntas divina*), representado por la luz, y un principio pasivo (*noluntas divina*), simbolizado por las tinieblas.

[39] Aparte de varios opúsculos, Leibniz dedica al tema sus *Essais de Theodicée sur la Bonté de Dieu, la Liberté de l'Homme et l'Origine du Mal*, Truyel, Amsterdam, 1710. Véanse §§ 27, 28, 247, 350, 382, 385.

[40] Henri More defiende la existencia de un espíritu de la naturaleza,

Aristóteles, mantener sujetas las Inteligencias a las órbitas que giran[41], o como si fuera necesario sostener que los elementos se dirigen hacia arriba o hacia abajo por su forma[42], para enseñar una sabiduría sumaria, pero inútil. No estoy de acuerdo con éstos, ni me agrada más esta Filosofía que la teología de algunos que creían que Júpiter tronaba o nevaba, de modo que acusaban del crimen de ateísmo a quienes investigaban las causas propias. El mejor temperamento, en mi opinión, es aquel con el que se satisface por igual a la piedad y a la ciencia, para que conozcamos que todos los fenómenos corpóreos pueden derivarse de causas eficientes mecánicas, y comprendamos que las mismas leyes mecánicas en general se derivan de razones superiores, y de este modo usemos de una causa eficiente superior sólo en las cosas más generales y remotas. Establecidas estas cosas una vez, cuantas veces después se trate de las causas eficientes próximas y especiales de las cosas naturales, no demos cabida a las almas o Entelequias, no más que a las facultades inactivas o a las inexplicables simpatías[43];
243 puesto que la primera y más universal causa eficiente no debe intervenir en los tratados especiales, a no ser cuando se considera los fines que la divina Sabiduría tuvo al ordenar las cosas, para que no perdamos ocasión de alabarla y de cantarle los más bellos himnos.

(14) Y verdaderamente las causas finales (como ya he mostrado abiertamente mediante un ejemplo par-

---

que ocuparía el grado más bajo en la escala de los seres espirituales y actuaría sobre la materia, produciendo efectos no mecánicos. Véase *The immortality of the soul*, libro III, cap. XII, § 1, *Collection of severall philosophical writings*, London, 1662, p. 193.

[41] Véase Aristóteles, *Metafísica*, XII, cap. 8, 1073a-1074a.

[42] Véase Aristóteles, *Del cielo*, IV, caps. 3-4, 310b-312a.

[43] «Es preciso explicar siempre la naturaleza matemática y mecánicamente, con tal que se acepte que los principios mismos o leyes de la mecánica o de la fuerza no dependen de la mera extensión matemática, sino de algunas razones metafísicas.» *Carta a Arnauld* del 14 de julio de 1686, PS, II, p. 58.

ticular del principio óptico[44], habiéndolo aprobado mucho el celebérrimo Molinesio en sus *Dióptricos*[45]) son empleadas sin cesar con gran fruto aun en los casos físicos especiales, no sólo para que admiremos las bellísimas obras del Autor supremo, sino para que adivinemos entre tanto, por esta vía, las cosas que no se manifiestan por la vía de las eficientes de la misma manera, a no ser hipotéticamente[46]. Uso que hasta ahora los filósofos quizás aún no observaron suficientemente. Y ha de sostenerse en general que en las cosas todo puede explicarse doblemente: mediante *el reino de la potencia* o de *las causas eficientes*, y mediante *el reino de la sabiduría* o por *las causas finales*; que Dios concibe los cuerpos como máquinas al modo de un arquitecto según *las leyes de la magnitud o matemáticas*, y ciertamente para uso de las almas; por otra parte, que modera[47] para su gloria, según *las leyes de la bondad* o *morales*, a las almas, capaces de sabiduría, como a ciudadanos y partícipes

[44] En el artículo *Opticae, Catoptricae et Dioptricae Principium* (AE, junio de 1682, pp. 185-190) sienta Leibniz el principio de que «la luz, al irradiar hacia un punto a iluminar, llega por el camino más fácil de todos.» (p. 185) Con su ayuda trata de resolver tanto los fenómenos de reflexión como los de refracción. A la vista de ello, afirma que «se equivocan mucho, por no decir más, los que rechazan con Descartes las causas finales en la Física». (p. 186).

[45] William Molyneux (1656-1698), físico inglés, fundador de una sociedad científica en Dublín. Publicó un tratado de *Dióptrica* en dos volúmenes (Londres, 1692-1702).

[46] Por consiguiente, los planteamientos teleológicos sirven para abrir un acceso que comunica la física con la metafísica, pero también tienen en sí mismos un valor heurístico: gracias a ellos es más sencillo encontrar leyes y causas desconocidas. «Pero la vía de las [causas] finales es más fácil, y no deja a menudo de servir para adivinar verdades importantes y útiles que habría que buscar durante mucho tiempo por esta otra ruta más física [la de las causas eficientes], de lo cual la Anatomía puede proporcionar ejemplos considerables.» *Discours de métaphysique*, XXII, p. 66 (ed. Lestienne).

[47] Leyendo con Dosch «*moderante*», en lugar de «*moderantem*», como Gerhardt.

de cierta asociación con él, a modo de un príncipe, más aún, de un padre, y permeabilizándose en todas las partes ambos reinos, no confundidas sin embargo, e imperturbadas las leyes de cada uno, de modo tal que en el reino de la potencia se obtenga lo máximo y en el de la sabiduría, lo mejor[48]. Pero nuestro propósito en este lugar es establecer las reglas generales de las fuerzas productoras, de las cuales podamos servirnos en la explicación de las causas eficientes especiales.

(15) Después he llegado a la verdadera estimación de las fuerzas, y por cierto directamente a la misma, por los más diversos caminos: uno, en efecto, *a priori*, a partir de la muy simple consideración del espacio, del tiempo y de la acción (que expondré en otra parte)[49], otro, *a posteriori*, estimando la fuerza a partir del efecto que produce al consumirse[50]. Pues no entiendo aquí cualquier *efecto*, sino aquel al que la fuerza está unida o en el que ella debe consumirse, al que, por ello, puedes denominar *violento*, el cual no es como el que ejerce un cuerpo pesado corriendo en un plano perfectamente horizontal, porque tal efecto siempre mantiene la misma fuerza de cualquier modo que se produzca; aunque también cuando este mismo *efecto, inocuo* por así decir, fue correctamente empleado, hemos conseguido nuestro modo de estimar, pero ahora lo dejaremos de lado[51]. Sin embargo, he elegido

---

[48] Leibniz volverá sobre el tema en un opúsculo tardío, los *Principes de la Nature et de la Grâce, fondés en Raison* (1714). Véase PS, VI, pp. 598-606.

[49] La estimación *a priori* se encuentra en el *Dynamica de potentia*, Spec. prael., Demons. quarta (MS, VI, pp. 291-291); I pars, sec. III, cap. 2 (MS, VI, pp. 359-367). Gueroult realiza un análisis crítico exhaustivo de la misma en *Leibniz. Dynamique...*, pp. 110-154.

[50] Véase Gueroult, *Leibniz. Dynamique...*, pp. 21-55.

[51] En el *Essay II* (MS, VI, pp. 218; 221), se define el efecto violento como el «que consume la Fuerza del agente»; mientras que el efecto *formal* o *esencial* es el producto de la masa del móvil por la longitud de la traslación, definición que también aparece en el *Dynamica de potentia* (MS, VI, p. 436), mientras que allí se opone el efecto formal al efecto

de entre los violentos el que es más capaz de lo homogéneo y de la división en partes similares e iguales,
244 como existe en el ascenso de un cuerpo dotado de gravedad: pues la elevación de un peso a dos o tres pies es precisamente doble o triple de la elevación de un mismo grave a un pie, y la elevación hecha de un grave doble a un pie es precisamente doble de la elevación de un grave simple a la altura de un pie; de donde la elevación de un grave doble a tres pies es precisamente el séxtuplo de la elevación de un grave simple a un pie, supuesto evidentemente (al menos con fines pedagógicos, aunque quizás el asunto se da en verdad de otra forma, aunque aquí, sin embargo, con un error imperceptible) que los graves caen uniformemente en una distancia mayor o menor desde el horizonte. En efecto, la homogeneidad en el cuerpo elástico no se da con igual facilidad. Así pues, queriendo comparar cuerpos densos o dotados de diversas velocidades, vi fácilmente sin duda que, si el cuerpo A es simple y el B doble, y por otra parte es igual la celeridad de ambos, también es simple la fuerza de aquél y doble la de éste, cuando precisamente cualquier cosa que en aquél se supone una vez, en éste se supone doble. Pues en el B está dos veces el cuerpo igual y de la misma velocidad A, y nada más. Pero si los cuerpos A y C son iguales, y la velocidad de A es simple y la de C doble, veía que no precisamente lo que hay en A se duplica en C, cuando sin duda se dobla la velocidad, pero no el cuerpo. Y vi que aquí se había errado por parte de aquellos que creyeron que sólo la propia reduplicación de la modalidad se desdoblaba en la propia fuerza; como ya en otro tiem-

---

activo o *absoluto*, producido cuando se eleva un grave a una cierta altura o se comprimen resortes. La prueba por efecto inocuo o formal es precisamente la demostración *a priori* a la que Leibniz acaba de referirse. El efecto formal se llama también inocuo porque no consume la fuerza del móvil que lo produce.

po observé y advertí que el verdadero y hasta hoy (aun después de escritos tantos *Elementos de Mathesis universal)* no transmitido *arte de estimar* consiste en esto: en que finalmente se llegue a algo homogéneo, es decir, a una cuidadosa y omnímoda reduplicación no sólo de los modos, sino también de las cosas. De cuyo método no pudo darse otro ejemplo mejor y más sobresaliente que lo que se muestra en este mismo argumento.

(16) Para obtener esto, pues, consideré si esos dos cuerpos A y C, iguales en magnitud pero distintos en velocidad, pueden producir algunos efectos equivalentes por sus causas y homogéneos entre sí. Porque, así, las cosas que no podían ser comparadas fácilmente por sí, al menos podrían ser comparadas cuidadosamente mediante sus efectos. Por otra parte, asumí que el efecto debe ser igual a la causa, si se produce el gasto o consumo en todo su valor: donde no importa en cuánto tiempo se produce. Supóngase, pues, que los cuerpos A y C (fig. 5) son graves, y que

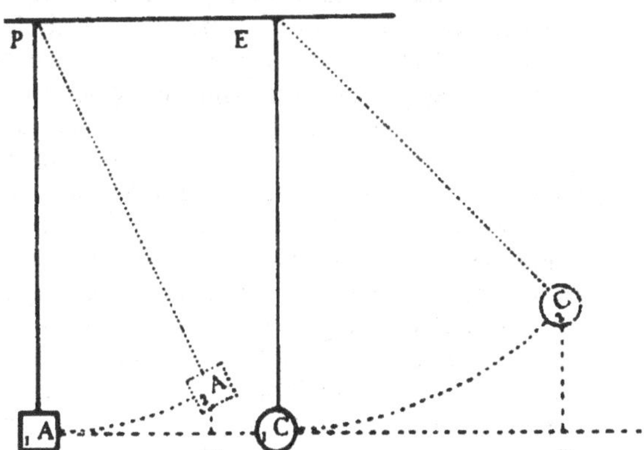

aplican su fuerza en el ascenso, lo que se producirá si en el momento en que tienen sus mencionadas velocidades, A simple y B doble, se entiende que se ele-

van en los extremos de los péndulos verticales P_1A, E_1C. Por otro lado consta, por las demostraciones de Galileo y otros, que, subiendo el cuerpo A con la
245 velocidad 1 a una altura $_2AH$ de un pie sobre la horizontal HR como máximo, en todo caso el cuerpo C de celeridad 2 puede ascender como máximo a una altura $_2CR$ de 4 pies. De donde se deduce que un grave de velocidad 2 es cuádruple en potencia del que tiene un grado de celeridad 1, puesto que precisamente con el consumo de todo su valor puede realizar el cuádruple. Pues lo que levanta una libra (esto es, a sí misma) a cuatro pies, levanta precisamente cuatro veces una libra a un pie. Y del mismo modo en general se deduce que las fuerzas de los cuerpos iguales son como los cuadrados de sus velocidades y, por ello, las fuerzas de los cuerpos en el universo están en razón compuesta de la simple de sus cuerpos y de la doble de sus velocidades.

(17) Estas mismas cosas las confirmé por el argumento al absurdo (o sea, por el movimiento perpetuo), dándole la vuelta a la opinión contraria, vulgarmente aceptada, sobre todo por los cartesianos, según la cual se cree que las fuerzas están en razón compuesta de los cuerpos y las velocidades; también me serví de este método, a continuación, para definir dos *estados desiguales en virtud a posteriori*, y distinguir el mayor del menor con una señal segura, y, puesto que al poner uno de ellos en lugar del otro no surge el movimiento perpetuo mecánico o efecto superior a la causa, aquellos estados no equivalen entre sí en absoluto, sino que el que fue puesto en lugar del otro fue superior, puesto que produjo algo mayor[52]. Tengo por cierto que la naturaleza nunca reemplaza cosas desiguales en fuerza entre sí, sino que el efecto íntegro siempre es igual a la causa plena; y, sucesivamente, las que son iguales en

---

[52] Argumento desarrollado en el *Essay I*.

fuerzas pueden ser sustituidas con seguro raciocinio por nosotros, en libérrima suposición, como si realizásemos aquella sustitución en el acto, sin ningun temor[53] al movimiento mecánico perpetuo. Pues si esto fuese cierto, de lo que vulgarmente están convencidos, que equivalen entre sí un grave A como 2 (tomémoslo, pues, así ahora) dotado de velocidad 1 y un grave C simple, dotado de velocidad 2, uno de los dos debe poder ser colocado en lugar del otro impunemente[54]. Pero esto no es cierto. Supongamos, en efecto, que A como 2, con velocidad 1, ha adquirido en el descenso $_2A_1A$ desde la altura $_2AH$ de un pie; y ya en el propio $_1A$ o en la horizontal existente sustituyamos por él su equivalente (según quieren) el peso C como 1, con velocidad 2, que asciende hasta C o una altura de 4 pies. Así pues, con el mero descenso del peso A de dos libras de una altura de un pie $_2AH$, y sustituido por el equivalente, conseguimos el ascenso de una libra a cuatro pies, lo que es el doble de lo anterior. Así, hemos ganado otras tantas fuerzas, o realizamos el movimiento mecánico perpetuo, lo que, en todo caso, es absurdo. Y no importa si mediante las leyes del movimiento podemos llevar a
246 cabo en la práctica esta sustitución, pues entre cosas equivalentes también puede hacerse la sustitución con el pensamiento, con toda seguridad[55]. No obstante, también hemos pensado varios métodos con los que se lograría en la práctica, tan aproximadamente como se quiera, que toda la fuerza del cuerpo A se transmita al cuerpo antes en reposo C, mientras que ahora (puesto

[53] Leyendo con Dosch «*metu*», en lugar de «*motu*», como Gerhardt.

[54] Se trata una vez más del dispositivo introducido en *De Causa Gravitatis* (1690, MS, VI, pp. 199-203, y resumido también en el *Essay I*, propos. 4.

[55] Ante las objeciones técnicas de Papin, Leibniz presenta su prueba como un experimento mental, en línea con muchas de las argumentaciones galileanas. Sobre el detalle de la polémica con Papin, véase M. Zwerger, *Die lebendige Kraft und ihr Mass*, 1885, pp. 21-30.

en reposo el propio A) sea el único en movimiento[56]. De donde resultará que, en lugar de un peso de dos libras de velocidad 1, habría de reemplazarla una libra de velocidad 2, si estas cosas equivaliesen; de lo que ya mostramos que surge el absurdo. Y estas cosas no son realmente vanas ni consisten en logomaquias[57], sino que tienen gran uso en la preparación de máquinas y movimientos. Pues si alguien dispone de una fuerza a partir del agua, o de animales o de otra causa, por la que un cuerpo de cien libras de peso se conserva en movimiento constante, con el que puede completar un círculo horizontal de un diámetro de treinta pies en un tiempo de la cuarta parte de un minuto, y otro manifiesta que un peso doble completa constantemente en su lugar sólo medio círculo en el mismo tiempo, con un menor consumo, y se lo atribuye como ganancia, has de saber que serás defraudado y engañado en la mitad de las fuerzas. Pero ahora, puestos en fuga los errores, propondremos las verdaderas y realmente dignas de ser admiradas leyes de la Naturaleza de una forma un poco más clara, en la segunda parte de este Bosquejo[58].

---

[56] Estos procedimientos aparecen descritos y discutidos en *De Legibus Naturae et Vera aestimatione virium motricium contra Cartesianos* (1691), MS, VI, pp. 207-209.

[57] Nueva premonición. Gran cantidad de autores posteriores sostendrán que toda la polémica de las fuerzas vivas se reduce a una pura logomaquia. Véanse, p. ej., d'Alembert, *Traité de dynamique*, 1743, p. XXIII-XXIV; L. Euler, *De la force de percussion et de sa véritable mensure*, 1746, *Opera omnia*, II, 8, p. 34.

[58] El final de la primera redacción guarda notables diferencias con la versión definitiva (véase *Specimen...*, ed. Dosch y otros, pp. 82-88). Leibniz se extiende allí sobre los problemas tratados en dos pequeños artículos que ha publicado en 1693 en el *Journal de Sçavants* sobre la regla de composición del movimiento, tema que vuelve a aparecer al término de la segunda parte del *Espécimen*.

ESPÉCIMEN DINÁMICO PARA ADMIRAR LAS LEYES DE LA NATURALEZA ACERCA DE LAS FUERZAS DE LOS CUERPOS Y PARA DESCUBRIR SUS ACCIONES MUTUAS Y RESTITUIRLAS A SUS CAUSAS[1]

II Parte

246 (1) La naturaleza no suficientemente conocida del cuerpo, y más aun la de la sustancia en general, había dado como resultado (a lo que ya hicimos referencia) que filósofos sin duda insignes de nuestro tiempo, al ubicar la noción de cuerpo sólo en la extensión, se viesen obligados a recurrir a Dios para explicar la Unión entre el Alma y el Cuerpo, y aún más la comunicación

[1] Estaba previsto que este trabajo, continuación del anterior, apareciera en las *Acta Eruditorum* de mayo de 1695. Leibniz había publicado la primera parte más por compromiso que por convicción: «Se me ha presionado tanto, que al fin he puesto algo de mis Meditaciones Dinámicas en las Actas de Leipzig.» *Carta a Bournett* del 11-21 de junio de1695, PS, III, p. 162. Por las razones que fueran, la segunda parte no llegó a aparecer cuando estaba programado y permaneció inédita hasta que Gerhardt la editó en 1860 (MS, VI, pp. 246-254). La paginación indicada al margen corresponde al vol. VI de los *Mathematische Schriften* editados por Gerhardt.

de lo cuerpos entre sí. Pues se ha de confesar que es imposible que la mera Extensión, reducida a nociones geométricas, sea capaz de acción y pasión; por consiguiente, les pareció que esto era suficiente: que al pen-
247 sar el hombre en mover un brazo, Dios, como por un acuerdo primigenio, mueve el brazo por él, y que, por contra, existiendo el movimiento en la sangre y en los espíritus, Dios produce la percepción en el alma. Pero estas mismas cosas, puesto que son ajenas a la forma correcta de filosofar, habrían debido advertir a sus autores que se apoyaban en un principio falso, y que no habían definido correctamente la noción de cuerpo, de la que se obtenían como consecuencia semejantes resultados. Así pues, demostramos que en toda sustancia existe la fuerza de actuar y, si ha sido creada, también de padecer; que la noción de extensión no es de por sí completa, sino una referencia a algo que se extiende, de lo cual es difusión o réplica continuada, y a tal punto se presupone una sustancia del cuerpo que encierra el poder de actuar y de resistir, y está presente en toda masa corpórea, y que la difusión de ésta está contenida en la extensión. Partiendo de aquí, también encenderemos alguna vez una nueva luz para explicar la unión del alma y el cuerpo. Ahora, ciertamente, hemos de mostrar cómo se siguen de ello teoremas prácticos admirables y sumamente útiles, que atañen a la Dinámica, esto es, a la ciencia que enseña las reglas de las fuerzas, principalmente las corpóreas.

(2) Se ha de saber ante todo que la fuerza es sin duda algo enteramente real, incluso en las sustancias creadas; en cambio, el espacio, el tiempo y el movimiento tienen algo emanado del Ente de razón, y no son verdaderos y reales de por sí, sino que en cuanto atributos divinos comprenden la inmensidad, la eternidad, la operación o la fuerza de las sustancias creadas[2].

[2] «Mis Ensayos dinámicos tienen relación con esto [la comunicación

Ya de aquí se sigue que el vacío no se da en el espacio y el tiempo, y, por otro lado, que el movimiento, separado de la fuerza, o en cuanto en él sólo se consideran nociones geométricas: la magnitud, la figura y la variación de éstas, no es en verdad otra cosa que el cambio de situación, y que el *movimiento consiste en una mera relación respecto de los fenómenos*, lo que reconoció incluso Descartes, cuando lo definió como la traslación desde la proximidad de un cuerpo hasta la proximidad de otro[3]. Pero se olvidó de su definición al deducir las consecuencias, e instituyó las reglas de los movimientos, como si el movimiento fuese algo real y absoluto[4]. Por tanto, si un número cualquiera de cuerpos está en movimiento, se debe entender que no se puede colegir de los fenómenos en cuál de ellos hay movimiento o quietud, sino que puede atribuirse la quietud a cualquiera de ellos que se tome, con tal que se presenten los mismos fenómenos. De aquí se deduce (lo que no advirtió Descartes) que *la equivalencia de las hipótesis no puede cambiarse por los choques*

---

entre el alma y el cuerpo], donde ha habido que profundizar en la noción de sustancia corporal, que pongo antes en la fuerza de actuar y de resistir que en la extensión, la cual no es más que una repetición o difusión de algo anterior, es decir, de esta fuerza.» *Éclaircissement du nouveau systeme de la communication des substances* (1696), PS, IV, p. 499.

[3] Véase Descartes, *Principes...*, II, § 25, *Oeuvres* A.T., IX-2, p. 76.

[4] Tanto Descartes como Leibniz necesitan que el movimiento sea absoluto en algún sentido, ya que los dos sistemas sostienen principios de conservación que afectan al movimiento de todos los cuerpos del universo en su conjunto, y además ambos defienden la ley de inercia. La crítica de Leibniz a Descartes estriba en que éste ha hecho del movimiento un concepto último desde el punto de vista físico y, sin embargo, lo define de un modo puramente relativista. Aunque Leibniz también sostiene una concepción relativista del movimiento, en su teoría no aparece como un concepto último desde el punto de vista físico, porque guarda una referencia intrínseca a la noción de fuerza, entendida como idea de carácter absoluto: «Así, más allá de la relatividad del movimiento abstracto y de la equivalencia de las hipótesis astronómicas, el carácter absoluto de la fuerza restaura, con la realidad del movimiento, el criterio del movimiento y del reposo.» Gueroult, *Leibniz. Dynamique...*, p. 105.

de los cuerpos entre sí, y que las reglas que han de ser asignadas a los movimientos han de ser tales que la naturaleza respectiva de los mismos debe quedar a salvo, y que no puede adivinarse a partir del resultado posterior al choque, mediante los fenómenos, en dónde había con anterioridad al choque reposo o un determinado movimiento absoluto. Partiendo de ahí, no cuadra en absoluto la regla de Descartes según la
248 cual quiere que un cuerpo en reposo no pueda ser desplazado por otro menor, y otras cosas de esta índole, que no pueden ser más ajenas a la verdad[5]. Se deduce también de la naturaleza respectiva del movimiento que *la acción recíproca de los cuerpos entre sí o percusión es la misma, con tal que se aproximen con la misma velocidad*, es decir, que, permaneciendo la misma apariencia en los fenómenos dados, cualquiera que, en fin, sea la hipótesis verdadera o a cualquiera que, en resumen, adscribamos realmente el movimiento o el reposo, se presenta el mismo resultado en los fenómenos investigados o resultantes, incluso respecto de la acción de los cuerpos entre sí. Y esto es lo que experimentamos: que sentiremos el mismo dolor tanto si nuestra mano golpea contra una piedra en reposo, suspendida de un hilo, si así se quiere, como si la piedra golpea con la misma velocidad contra la mano en reposo. Mientras tanto, hablamos, como lo exige el asunto, para una más apta y simple explicación de los fenómenos, como en la ciencia de las esferas recurri-

[5] La cuarta regla, en efecto, dice: «si el cuerpo C fuese tan sólo un poco mayor que B, y estuviese totalmente en reposo [...], cualquiera que fuese la velocidad con que B pudiera venir contra él, jamás tendría fuerza para moverlo[...].» *Principes...*, II, § 49 (*Oeuvres* AT, IX-2, p. 90). En cambio, la regla quinta (§ 50, p. 91) establece que, si C fuese menor y estuviese en reposo, los dos irán después del choque juntos con la misma velocidad, mientras que antes C permanecía en reposo y B rebotaba a partir de él. Desde una concepción relativista del movimiento hay una perfecta simetría entre ambos casos, y a pesar de ello las consecuencias son notoriamente disimétricas.

mos absolutamente al movimiento del primer móvil, en la teoría de los planetas debemos usar las hipótesis copernicanas, de tal modo que aquellas disputas ejercidas con tanto esfuerzo (en las que incluso estuvieron implicados los teólogos), desaparezcan en lo sucesivo[6]. Pues aunque la fuerza sea algo real y absoluto, en cambio, el movimiento pertenece a la clase de los fenómenos relativos y la verdad no se observa tanto en los fenómenos como en las causas

(3) De nuestras nociones de cuerpo y fuerza sale también lo siguiente: *que puede entenderse que lo que ocurre en la sustancia sucede espontánea y ordenadamente*. A lo que está aparejado que *ningún cambio se produce por medio de un salto*. Esto supuesto, se deduce también que *no pueden existir los Átomos*[7]. Para que se comprenda la fuerza de esta consecuencia, supongamos que los cuerpos A y B colisionan (fig. 6), y $_1A$ viene hacia $_2A$, y también $_1B$ hacia $_2B$, y

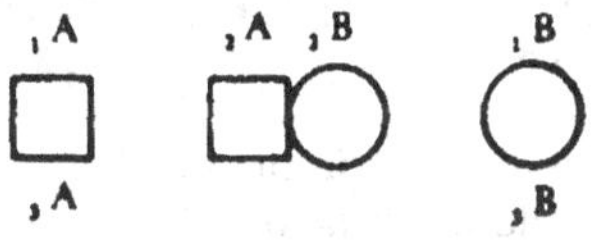

[6] En el espinoso asunto de los modelos astronómicos, Leibniz, al igual que Descartes, se muestra conciliador. La relatividad del movimiento sirve para proclamar la equivalencia de las hipótesis desde el punto de vista ontológico. Para quitar importancia a la preferencia que otorga a la teoría de Copérnico, alega que proporciona una explicación más apta y simple, pero no pretende que sea «más verdadera», para consuelo de los teólogos. Véanse Descartes, *Principes...*, III, §§ 16-19, *Oeuvres*, AT, IX-2, pp. 108-110; Leibniz, *Tentamen de motuum coelestium causis* (1689) (primera elaboración), MS VI, pp. 145-147 (nota).

[7] Por tanto, la razón de mayor peso que Leibniz alega contra los átomos es la ley de continuidad: «Mi Axioma de que la naturaleza nunca actúa por saltos, que nos hacéis saber que el R.P. de Malebranche aprueba, tiene un uso grandísimo en la física: destruye *átomos, quietulas, globulos secundi Elementi* y otras quimeras semejantes; rectifica las leyes del movimiento.» *Carta a Foucher*, enero de 1692, PS, I, p. 403.

así los colisionantes hacia $_2A_2B$ son reflejados desde $_2A$ a $_3A$ y desde $_2B$ hasta $_3B$. Por otra parte, supóngase que existen los átomos, es decir, cuerpos sumamente duros y, por tanto, inflexibles: es evidente que se produciría un cambio instantáneo, o mediante un salto, pues el movimiento directo se hace retrógrado en el mismo momento del choque, a no ser que supongamos que inmediatamente después del choque se paran los cuerpos, esto es, que pierden su fuerza, lo que, además de que por otra parte sería absurdo, de nuevo supondría una mutación mediante un salto, en efecto momentánea, desde el movimiento al reposo, y no en cambio un salto por pasos intermedios. Así pues, se ha de saber que, si los cuerpos A y B colisionan (fig. 7) y vienen desde $_1A$, $_1B$ hasta el lugar de la

colisión $_2A_2B$, se comprimen allí paulatinamente como dos balones inflados, y se acercan entre sí recíprocamente cada vez más por la presión continuamente aumentada; por otro lado, el movimiento se debilita por este mismo hecho, trasladada la misma fuerza del conato a la elasticidad de los cuerpos,
249 hasta que son reconducidos por entero al reposo; entonces, recuperándose por fin la elasticidad de los cuerpos, ellos mismos retroceden recíprocamente por sí mismos, comenzando de nuevo el movimiento retrógrado desde el reposo, y creciendo continuamente, y finalmente, recuperada la misma celeridad con que se aproximaron entre sí, pero vuelta en sentido contrario, se alejan uno de otro y vuelven a los lugares $_3A_3B$, que coinciden con los lugares $_1A_1B$ si se suponen cuerpos iguales y de la misma velocidad; de donde ya se hace patente que no se produce ninguna

mutación por un salto, sino que, disminuido paulatinamente el avance y finalmente llevado al reposo, entonces nace por fin el regreso[8]. Así como una figura no surge de otra (como la oval del círculo), sino mediante innumerables figuras intermedias, ni se pasa de un lugar a otro, ni de un tiempo a otro, sino mediante todos los lugares y tiempos intermedios, del mismo modo, del movimiento no nace la quietud, ni mucho menos el movimiento opuesto, sino mediante todos los grados de movimiento. Me admira el hecho de que, siendo esto de tan gran importancia en la naturaleza, haya pasado tan inadvertido. Se sigue de esto lo que Descartes había atacado en sus Epístolas[9], que ahora incluso algunos grandes hombres no quieren admitir: *que toda reflexión nace de la elasticidad*, y que da razón de muchos preclaros experimentos, que indican que *el cuerpo se flexiona antes de ser empujado*, lo que Mariotte ilustró brillantemente[10]. Finalmente, de esto se sigue algo máximamente admirable: que ningún cuerpo es tan pequeño que no tenga elasticidad y que, por ello, no pueda ser atravesado por un fluido más sutil, y que *no existen los elementos de los cuerpos*, ni se da una materia fluidísima, ni no sé qué glóbulos de un segundo elemento, sólidos exactos y duraderos; sino que el análisis procede al infinito[11].

(4) Con esta *Ley de Continuidad*, que excluye el salto en el cambio, es coherente lo que sigue: que la

---

[8] Entre Huygens y Leibniz tuvo lugar una polémica acerca de los átomos, la elasticidad y la dureza de la materia, en la que ninguno de los dos se doblegó a las razones del otro. Véanse Huygens, *Oeuvres complètes*, X, pp. 296-431; Dugas, *La mécanique...*, pp. 500-504.

[9] Se refiere a las *Lettres de M. Descartes*, 3 vols., Paris, 1657, 1659, 1667, publicadas por Claude Clerselier. Véase tomo II, lettres XXXIV-XXXIX, pp. 196-221.

[10] Véase Edmé Mariotte, *Traité de la percussion ou du choc des corps*, Michallet, Paris, 1673, 1676, 1684, pp. 56-57; 74-76 (ed. 1684).

[11] Véase *Carta a de Volder* (1698-1699), PS, II, p. 161.

quietud puede ser considerada como un caso especial de movimiento, evidentemente un movimiento evanescente o mínimo, y que la igualdad puede considerarse como una desigualdad evanescente. De donde se deduce que deben asignarse leyes de los movimientos tales, que no haya necesidad de reglas particulares para cuerpos iguales y en reposo, sino que éstas nazcan de por sí de las reglas de los cuerpos desiguales y en movimiento, e incluso, si queremos enunciar reglas particulares para la quietud y la igualdad, hay que tener cuidado en no asignarles tales que no sean acordes con la hipótesis que tiene el reposo por un movimiento recentísimo o la igualdad por la última desigualdad, ya que, de otro modo, violaremos la armonía de las cosas, y nuestras reglas nc convendrán entre sí. Este nuevo modo de examinar nuestras reglas o las ajenas lo publiqué, primero, en las *Noticias de la República Literaria*, julio de 1687, artículo 8[12], y lo denominé principio general del orden, que nace de la noción de infinito y continuo, que se aproxima al axioma según el cual, ordenado el dato, también está ordenado lo buscado. Expresé universalmente este hecho así: *si un caso se aproxima continuamente a otro en los datos y finalmente se desvanece en lo mismo, es necesario que también los resultados de los casos se aproximen continuamente en lo buscado y, finalmente, acaben en sí recíprocamente*[13]. Del mismo modo que en Geometría el caso

---

[12] Véase p. 21.

[13] El resto de este párrafo es una paráfrasis de las observaciones que hace Leibniz al § 45 de la 2.ª parte de los *Principia philosophiae* de Descartes en las *Animadversiones in partem generalem Principiorum Cartesianorum* (PS, IV, pp. 375-376), manuscrito redactado en 1691, y que Leibniz intentó publicar inútilmente, ya que, como le confesó Basnage de Beauval, encargado de la gestión: «Desde que se les habla [a los editores] de un libro en latín, ponen cien dificultades». (PS, IV, pp. 271-272).

de la elipse se aproxima continuamente al de la parábola, de modo que, permaneciendo un foco, se supone que el otro se toma cada vez más remoto hasta que, en el caso de que el otro foco esté infinitamente alejado, la elipse se convierte en parábola. Por lo que es necesario que todas las reglas de las elipses se verifiquen en la parábola (entendida como una elipse cuyo otro foco está infinitamente alejado). De donde también los radios que inciden paralelamente en la parábola pueden concebirse como procedentes del otro foco o tendentes hacia él. Así pues, del mismo modo, pudiendo variarse continuamente el caso en el que el cuerpo A se desplaza hacia B en movimiento para que, permaneciendo el movimiento del propio A, se suponga cada vez menor el movimiento de B, hasta que finalmente se conciba tendiendo a desvanecerse en el reposo y que de nuevo crezca, a partir de ahí, en dirección contraria; digo que el resultado del choque, o sea, lo que resulta bien en el mismo A, bien en el mismo B, ambos en movimiento, se aproxima continuamente al resultado del choque que hay en el caso en que B en esté reposo, y finalmente se resuelve en él; y que, por ello, tanto en los datos como en el resultado o en lo buscado, el caso del reposo es un caso límite del movimiento en línea recta, o límite común del movimiento recto y continuo, y por ello como un ejemplo especial de ambos[14]. Respecto a esta piedra de Lidia[15], trasladada por mí de la Geometría a la Física, al examinar yo las reglas cartesianas del movimiento, sucede algo admirable de decir: que determinado hiato o salto se muestra como repugnando absolutamente a la naturaleza de las cosas, pues expresando las cantidades mediante

---

[14] Parecidas ideas contiene la *Carta a Arnauld* del 1 de agosto de 1687. Véase PS, II, pp. 104-105.

[15] Se refiere a la lidita, variedad de jaspe de color negro que los joyeros utilizan como piedra de toque para ensayar la pureza de los metales.

líneas, y los movimientos del mismo B como casos dados por las abscisas, pero sus movimientos tras el choque como los resultados buscados para su aplicación a lo largo de la ordenada, y llevando la línea por los extremos de las ordenadas, de acuerdo con lo prescrito por las reglas de Descartes, esta línea no fue un continuo, sino algo que admirablemente se abría y daba saltos de un modo absurdo e impensable[16]. Y habiendo hecho notar yo en esta ocasión que incluso las reglas del R.P. Malebranche no superaban esta prueba en todos los detalles, el ilustre varón, examinado de nuevo el problema, reconoció, según su franqueza, que se le había presentado la ocasión de modificar sus reglas, para lo que publicó un breve librillo. Aunque es necesario decir que, puesto que no
251 prestó demasiada atención al nuevo método, dejó

[16] Leibniz representa estas discontinuidades en su comentario al § 53 de la 2.ª parte de los *Principios* de Descartes. Véase *Animadversiones in partem generalem Principiorum Cartesionarum*, PS, IV, pp. 382-383. Si representamos sobre el eje de las x las velocidades antes del choque (fig. 8) V_B; y sobre el eje de las y, la velocidad después del choque V_B' (significando los

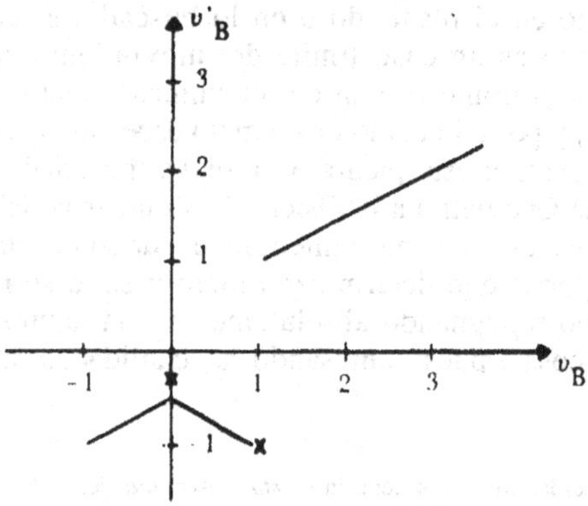

cosas que ni siquiera ahora cuadran suficientemente en todos sus puntos[17].

(5) De lo dicho también se sigue, lo cual es admirable, *que la pasión de todo cuerpo es espontánea y se origina por una fuerza interna, aunque con motivo de algo externo*. En este sentido, observo una pasión propia, que nace de la percusión o que permanece la misma, cualquiera que sea la hipótesis que finalmente se asigne o a cualquier cosa que, en fin, adscribamos el movimiento o reposo absolutos. Pues, dado que la percusión es la misma, a cualquier cosa que, en resumen, competa el movimiento verdadero, se sigue que el efecto de la percusión se distribuye por igual entre ambos, y por ello *ambos actúan igualmente en el choque* y, también por ello, la mitad del efecto se origina de la acción del uno y la otra mitad de la acción del otro; y siendo también la mitad del efecto o pasión en el uno, la mitad en el otro, ello basta para que también hagamos derivar la pasión que hay en el uno de la acción que hay en él mismo y no necesitemos de ningún influjo del uno en el otro, aunque a partir del uno se presente la ocasión para la acción del otro que produce el cambio en sí mismo[18].

---

valores positivos un desplazamiento hacia la derecha, y los negativos, hacia la izquierda), hay discontinuidades para $V_B=0$ y $V_B=1$, determinando el comportamiento de V_B' en el lapso $-1<V_B<0$ la regla número 7; para $V_B=0$, la regla 6; para $0<V_B<1$, la regla 3; para $V_B=1$, la regla 1; y para $1<V_B$, la regla 3. Véase Dosch y otros, *Erläuterungen*..., pp. 147; 157.

[17] Leibniz hizo llegar a Malebranche sus observaciones sobre la nueva doctrina del choque que éste había propuesto, de lo cual hay acuse de recibo en carta del 8 de diciembre de 1692. Véase PS, I, pp. 343-349; así como Mouy, *Les lois du choc*..., pp. 65-80.

[18] El principio de igualdad de la acción y la reacción se emplea aquí en apoyo de la concepción dinamicista, que ve en la fuerza la esencia de las sustancias corpóreas. El hecho de que todo cuerpo pueda ejercer una fuerza ilimitada indica, según Leibniz, que hay en él una fuente inagotable de esfuerzo, hecho que Newton atribuye, en cambio, a la circunstancia de que tampoco hay un tope máximo para la aceleración que la masa del cuerpo en cuestión puede experimentar cuando reacciona.

En efecto, mientras chocan A y B, la resistencia conjunta de sus cuerpos junto con la elasticidad hace que se compriman a causa de la percusión, y la compresión es igual en ambos y, de acuerdo con cualquier hipótesis, lo que incluso demuestran los experimentos, si alguien imagina que chocan dos esferas infladas, bien estén en movimiento ambas, o bien una de las dos esté en reposo, aunque la que reposa esté suspendida de un hilo, para que pueda retroceder con toda facilidad, pues siempre será la misma la compresión o tensión elástica, e igual en ambas, con tal que la velocidad de aproximación o respectiva sea la misma. Luego, al recuperarse las esferas A y B por la fuerza de su violenta elasticidad interna, evidentemente contenida, se apartarán mutuamente de sí y se abrirán en arco, y por la fuerza igual de ambas partes se separará cada una de la otra, y se alejará de ella no, por tanto, por la fuerza de la otra, sino por su propia fuerza. Lo que se dice de las esferas infladas se puede decir de cualquier cuerpo que choca; se ha de entender que la reacción o rebote existe en la misma elasticidad de donde brota, es decir, del movimiento de la materia fluida etérea que lo recorre y, por ello, por una fuerza interna o existente en su interior[19]. Por otro lado, observo, como he dicho, el *movimiento propio* de los cuerpos separado del *común* que puede ser adscrito al centro de gravedad; de donde el movi-

[19] «Es verdad que esta conservación de la fuerza sólo se puede obtener poniendo en la materia la elasticidad por todas partes, y que de ello se sigue una conclusión que parecerá extraña a los que no conciben suficientemente las maravillas de las cosas; y es que hay, por así decir, mundos en los cuerpos más pequeños, puesto que todo cuerpo, por pequeño que sea, tiene elasticidad y, por consiguiente, está rodeado y penetrado por un fluido tan sutil con respecto a él, como puede serlo el que produce la elasticidad de los cuerpos sensibles con respecto a nosotros, y que así no hay primeros Elementos, puesto que hay que decir otro tanto de la menor porción del más sutil fluido que se pueda suponer.» *Carta a Bayle* del 27 de diciembre de 1698, PS III, p. 57.

miento propio de éstos se ha de imaginar así (digo imaginar, a modo de hipótesis) como si fuesen transportados en una nave que contuviese el centro de gravedad común de los mismos; pero ellos se moverían en la nave de tal modo que a través del movimiento compuesto común de la nave o centro y del suyo propio queden a salvo los fenómenos[20]. De lo dicho tam-
252 bién se colige que *en los cuerpos nunca hay acción sin reacción, y que ambas son iguales entre sí y directamente contrarias*[21].

(6) Dado que tampoco existe en cualquier momento sino la fuerza y el esfuerzo que nace de ahí (puesto que el movimiento nunca existe en verdad, como ya hemos expuesto) y todo esfuerzo tiende a la línea recta, es consecuente el hecho de que *todo movimiento es rectilíneo, o está compuesto de líneas rectas.* De ello no sólo se sigue *que las cosas que se mueven en línea curva intentan siempre avanzar en una línea recta tangente a ella,* sino que también surge de ello *la verdadera noción de solidez*, lo que en absoluto se puede esperar. Pues, si suponemos que alguna de estas cosas que llamamos sólidas (aunque realmente nunca nada es totalmente sólido o líquido, sino que tiene cierto grado de solidez o liquidez, aunque nosotros lo denominamos según el predominio respecto de nuestros sentidos) gira en torno a su centro, las partes intentarán escapar por la tangente, mejor aún, realmente comenzarán a escapar, pero, pues-

[20] La ficción de la nave que transporta el movimiento común de los cuerpos que chocan había sido ideada por Huygens para facilitar la descomposición del movimiento en el estudio del problema del choque: «Así, cuando alguien, transportado por un barco que avanza con un movimiento uniforme, hace chocar dos bolas iguales animadas de la misma velocidad, a saber, con respecto a sí mismo y a las partes del barco, decimos que cada una de ellas deberá rebotar con la misma velocidad con respecto al mismo navegante, al igual que ocurriría si en un barco en reposo o sobre la tierra firme se hiciera colisionar las mismas bolas con velocidades iguales.» *De motu corporum ex percussione*, Hipótesis III, *Oeuvres complètes*, XVI, p. 33.

[21] Véase Newton, *Principia...*, Lex III, *Opera* ed. Horsley, II, p. 14.

to que esta huida recíproca de las mismas turba el movimiento de lo que la circunda, son rechazadas de allí y nuevamente son constreñidas hacia sí, como si en el centro hubiese una fuerza de atracción magnética, o como si en las propias partes hubiese una fuerza centrípeta, y de ahí surgirá la órbita, del esfuerzo rectilíneo de alejarse por la tangente y el conato centrípeto combinados entre sí. Y es seguro que todo movimiento curvilíneo está compuesto de esfuerzos rectilíneos, y al mismo tiempo es evidente que este constreñimiento de lo circundante es la causa de toda solidez. Por otro lado, no puede suceder que todo movimiento curvilíneo esté compuesto de meras rectas[22]. De donde obtenemos de nuevo una razón contra los Átomos y no menos inesperada que la anterior. Nada puede pensarse más ajeno a las cosas que el que la solidez descanse en la quietud, pues *en los cuerpos no hay nunca una verdadera quietud*, y de la quietud no puede nacer otra cosa que la quietud; aunque A y B estén entre sí recíprocamente en reposo, si no verdadera, al menos respectivamente (aunque ni esto ocurre nunca en forma minuciosa, pues *ningún cuerpo conserva exactamente la misma distancia de otro por poco tiempo que sea*), y, aunque una vez que está en reposo, siempre está en reposo si no se

[22] Descartes había explicado la cohesión y solidez de los cuerpos por el reposo relativo de sus partes: «De lo que se sigue que un cuerpo es líquido cuando está dividido en varias partículas que se mueven separadamente unas de otras de varias maneras diferentes, y que es duro cuando todas sus partes se entretocan, sin estar en acción para alejarse unas de otras.» *Principes...*, II, § 54, *Oeuvres*, AT, IX-2, p. 94. Leibniz se opone a esta explicación en la *Theoria motus abstracti* (1671), ya que la dureza es para él una acción, o la posibilidad de una acción, y no hay otra acción que el movimiento, por lo que «la cohesión o consistencia de lo que reposa es nula.» (SSB, Serie VI, vol. II, pp. 269-270). Malebranche, tal vez influido por Leibniz (así piensa Mouy, *Les lois du choc...*, pp. 33-34), rechaza también la teoría cartesiana de la cohesión, y ya en las primeras ediciones de *La recherche de la verité* (1673-1688) hace consistir la cohesión en la presión ejercida sobre los cuerpos duros por el movimiento de las partículas del éter circundante (véase *Recherche...*, VI, II, IX, *Oeuvres complètes*, II, pp. 420-449).

añade una causa nueva, en cambio, no por ello se sigue que, puesto que B ofrece resistencia a lo que lo impulsa, resista también a lo que le separa de otro, de modo que, superada en efecto la resistencia del propio B, o sea, impulsado el mismo B, no le siga simultáneamente A. Si realmente hubiese una *atracción*, que no se da en la naturaleza[23], mediante la quietud o algo semejante, lo
253 seguiría en toda circunstancia. Así pues, la solidez tampoco debe ser explicada sino mediante un constreñimiento hecho por lo que lo circunda. Pues la presión sola no explica el asunto suficientemente, como si tan sólo se impidiera el alejamiento del propio B del mismo A, sino que se ha de comprender que realmente se apartan de sí recíprocamente, que son impulsados de nuevo el uno hacia el otro por lo circundante y que, por ello, esta conservación de su conjunción se produce a partir de la composición de dos movimientos[24]. Así pues, quienes conciben en los cuerpos ciertas Tablas o láminas imperceptibles (a ejemplo de dos mármoles pulidos que se adaptan cuidadosamente), cuya separación a causa de la resistencia del entorno se produce dificultosamente, y explican a partir de aquí la solidez de los cuerpos duros[25] perceptibles; aunque a menudo dicen la verdad, sin embargo, puesto que suponen de nuevo en las láminas alguna solidez, no proporcionan la última razón de la misma. De aquí también puede colegirse por

---

[23] Leibniz se opone categóricamente a la atracción newtoniana: «Estamos de acuerdo y sostenemos con ellos, y lo hemos sostenido antes que ellos lo hayan hecho públicamente, que las grandes esferas de nuestro sistema, de una cierta magnitud, se atraen entre sí; pero como sostenemos que esto sólo puede ocurrir de una forma explicable, es decir, por una impulsión de los cuerpos más sutiles, no podemos admitir que la atracción sea una propiedad primitiva esencial a la materia, como pretenden estos señores.» *Carta a Bourget* del 5 de agosto de 1715, PS, III, p. 580.

[24] Leibniz ha tratado este problema en el artículo *Règle gènèrale de la composition des mouvements* (JS, septiembre de 1693, pp. 417-419; MS, VI, pp. 231-233).

[25] Leyendo con Dosch «*durorum*», en lugar de «*duorum*», como Gerhardt.

qué no puedo concordar en este asunto con ciertas opiniones filosóficas de ciertos grandes matemáticos, quienes, además de que admiten el espacio vacío y no parecen rechazar la atracción, tienen también el movimiento por algo absoluto, y tienden a probarlo a partir de la circulación y la fuerza centrífuga nacida de allí[26]. Pero, puesto que la circulación no nace tampoco sino de la composición de movimientos rectilíneos, se sigue que, si está a salvo la equivalencia de las hipótesis en los movimientos rectilíneos, supuestos de la forma que sea, también estará a salvo en los curvilíneos.

(7) Se puede deducir de lo anterior que el *movimiento común a varios cuerpos no cambia las acciones de los mismos entre sí*, puesto que la rapidez con que se aproximan, y por tanto la fuerza de la colisión mutua, no cambia. De donde se siguen los experimentos importantes que refirió Gassendi en sus Epístolas acerca del movimiento impreso transferido por un motor[27], para satisfacer a los que parecía que podían inferir el reposo del globo terráqueo del movimiento de los proyectiles. Siendo, en cambio, cierto que, si algunos son transportados por una gran nave (cerrada, si se quiere, pero ciertamente construida de tal modo que las cosas externas no puedan ser percibidas por los viajeros), y por su parte la nave se mueve plácidamente o de forma estable, aunque con gran velocidad, ellos (los que se encuentran en la nave) no tendrían, sin

---

[26] Alusión inequívoca a Newton y sus partidarios. En la primera definición del libro primero de los *Principia* minimiza el interés que puede tener el medio que supuestamente llenaría los intersticios de los cuerpos. En las proposiciones VI a VIII del libro III, así como en el Escolio general, argumenta en favor del movimiento absoluto, aportando criterios dinámicos (presencia de fuerzas que revelan apartamientos del movimiento rectilíneo y uniforme), como la célebre experiencia del cubo, que al girar genera en la superficie del agua una forma cóncava, la cual manifiesta la acción de una fuerza centrífuga.

[27] Véase Pierre Gassendi, *De Motu impresso a Motore translato* lettres I et II, Paris, 1642, *Opera omnia*, Lyon, 1658, vol. I, pp. 354b-355a.

embargo, ninguna forma de discernir si está en movimiento o en reposo, aunque, por coincidencia, se juegue a la pelota en la nave o se lleven a cabo otros movimientos. Y esto se ha de hacer notar con relación a los que creen, no comprendiendo correctamente la opinión de los copernicanos, que según éstos las cosas arrojadas desde la Tierra al aire son arrastradas con el aire que gira con la Tierra y así sucede que su movimiento se disipa, y por ello caen de nuevo a la Tierra como si ésta estuviese quieta, lo que, con razón, se
254 considera insuficiente, dado que hombres muy doctos, que utilizan la hipótesis copernicana, conciben mejor que cualquier cosa que hay en la superficie de la Tierra se mueve junto a la Tierra y, por consiguiente, que las cosas lanzadas por un arco o ballesta llevan consigo el ímpetu impreso por el giro de la Tierra, además del ímpetu impreso por el lanzamiento[28]. Y que, de ahí, puesto que es doble su movimiento, uno común con la Tierra y otro el propio a partir del lanzamiento, no hay que admirarse si el movimiento común no cambia en absoluto. Mientras tanto, no hay que ocultar que, si los proyectiles pudiesen ser lanzados muy lejos, o si imagináramos una nave tan amplia y a tan gran velocidad, antes del descenso del grave describiría una trayectoria notablemente diferente de la recta; se encontraría una discriminación, puesto que entonces, verdaderamente, el movimiento de la Tierra o de la nave (sin duda circular) no permanece común al movimiento que fue impreso al proyectil por el giro de la nave o de la Tierra. Y en el descenso de los graves al centro interviene una nueva acción externa, que puede producir una diversidad de fenómenos no menos que si en la nave cerrada se tuviese una brújula dirigida al polo que, en todos los casos, indicase el cambio de la direc-

[28] Véase Galileo, *Dialogo sopra i due massimi sistemi del mondo* (1632), Giornata seconda, *Opere* ed. Favaro, VII, pp. 151 y ss.

ción de la nave. Cuantas veces se trata de la equivalencia de las hipótesis, se deben unir todas las cosas que concurren en los fenómenos. También se deduce de esto que la composición de los movimientos, o cualquier resolución de un movimiento respecto a dos o más, puede ser aplicada con seguridad. Sin embargo, cierto hombre ingenioso cercano a Wallis había dudado no absurdamente acerca de esto[29]. El asunto, en efecto, merece una comprobación exhaustiva, y no puede ser aceptado como algo sabido por sí (como muchos hacen).

---

[29] E.W. Tschirnhaus había propuesto el problema de encontrar la tangente a la línea curva descrita por los puntos cuyas distancias a varios puntos dados suman una cantidad constante (es decir, el círculo cuando se trata de un solo punto, la elipse si son dos, etc.). Nicolas Fatio de Duvillier, miembro de la *Royal Society*, expresó dudas sobre la solución de aquél y propuso una respuesta mejor. También intervinieron en el asunto Huygens y l'Hôpital. Leibniz aportó su propia (y mediocre) contribución en la nota *Deux problemes construits par M. Leibniz, en employant la regle generale de la composition des mouvements, qu'il vient de publiquer*, JS, septiembre de 1693, pp. 423-424; MS, VI, pp. 233-234. Véase también Costabel, *Leibniz et...*, pp. 60-83.

IV. EL ENSAYO DE DINÁMICA SOBRE LAS LEYES DEL MOVIMIENTO

ENSAYO DE DINÁMICA SOBRE LAS LEYES DEL MOVIMIENTO, DONDE SE MUESTRA QUE NO SE CONSERVA LA MISMA CANTIDAD DE MOVIMIENTO, SINO LA MISMA CANTIDAD DE FUERZA ABSOLUTA, O BIEN LA MISMA CANTIDAD DE ACCIÓN MOTRIZ[1]

215 (1) La opinión de que la misma Cantidad de Movimiento se conserva y persiste en el encuentro de los
216 cuerpos ha reinado mucho tiempo, y / pasaba por un Axioma incontestable entre los filósofos modernos. Se

[1] Este manuscrito fue publicado por primera vez en 1860 por C.I. Gerhardt, quien supuso que tal vez fuera redactado por Leibniz poco después de 1691, una vez finalizada su controversia con Papin (véase MS, VI, p. 14). Gueroult da por buena esta datación (véase Leibniz. *Dynamique...*,

entiende por *Cantidad de Movimiento* el producto de la masa por la velocidad, de suerte que, siendo la masa del cuerpo como 2 y la velocidad como 3, la cantidad de movimiento del cuerpo será como 6. Así, si había dos cuerpos concurrentes, multiplicando la masa de cada uno por su velocidad y tomando la suma de los productos, se pretendía que esta suma debía ser la misma antes y después del encuentro.

(2) Ahora se empieza a estar desengañado de ello, sobre todo desde que esta opinión ha sido abandonada por algunos de sus defensores más antiguos, hábiles y dignos de consideración, y sobre todo por el mismo autor de *La recherche de la verité*[2]. Pero se ha produci-

pp. 23, 122); en cambio, Pierre Costabel afirma que la composición es mucho más tardía, puesto que hace alusión (en el párrafo segundo) a la conversión de Malebranche, que corresponde a 1698 (véase *Leibniz et...*, p. 20). En mi opinión, el argumento de Costabel no es tan concluyente, puesto que en realidad hubo dos «conversiones» o aproximaciones de Malebranche al punto de vista sostenido por Leibniz: la primera tiene lugar en 1692, cuando publica un opúsculo sobre las leyes de la comunicación del movimiento que en parte hace justicia a los argumentos de Leibniz contra sus primitivas ideas de 1675. En realidad, ya había un reconocimiento explícito de la necesidad de reformar esta doctrina desde 1687 (véase la carta citada anteriormente). Leibniz no se conformó con esta nueva versión, como comenta de pasada en el *Espécimen* (II, 4), y formuló nuevas objeciones que Malebranche rechazó en primera instancia, pero que acabó por asumir en 1698, publicando en 1699 unas *Remarques* sobre el tratado de 1692 (véase Robinet, *Malebranche et Leibniz...*, pp. 338-342). No está del todo claro a cuál de las revisiones hechas por Malebranche de su propia teoría se refiere Leibniz en su comentario. No obstante, es cierto que en este escrito hay indicios que hacen pensar más bien en la última formulación (véanse las dos notas que siguen). Además, la obra contiene una doctrina más evolucionada desde el punto de vista estrictamente físico que el *Ensayo* de 1692 (que llamaré en adelante *Ensayo I*), e incluso que el *Espécimen* de 1696, si bien faltan los comentarios de índole metafísica que hay en este último opúsculo, y tampoco aparecen ideas absolutamente nuevas, ya que la teoría de la acción motriz está presente en el *Dynamica de potentia* (1689). Por todas estas consideraciones, he colocado este *Ensayo* tras el *Espécimen*. La paginación indicada al margen corresponde al vol. VI de los *Mathematische Schriften* editados por Gerhardt.

[2] Ésta es la alusión comentada en la nota anterior.

do un inconveniente, y es que se ha ido en exceso al otro extremo y no se reconoce la conservación de nada absoluto que pudiera ocupar el lugar de la Cantidad de Movimiento[3]. Sin embargo, eso es lo que espera nuestro espíritu, y por ello observo que los filósofos que no entran en las profundas discusiones de los matemáticos tienen dificultad para abandonar un axioma tal como el de la conservación de la Cantidad de Movimiento, sin que se les dé otro al que se puedan atener.

(3) Es verdad que los matemáticos que han establecido desde hace mucho tiempo las reglas del movimiento fundadas en experiencias, han observado que se conserva la misma velocidad respectiva entre los cuerpos concurrentes. Sea, por ejemplo, que uno de los dos esté en reposo, o que ambos estén en movimiento, y que vayan uno contra otro, o hacia el mismo lado, hay una velocidad respectiva con la que se aproximan o se alejan uno de otro, y resulta que esta velocidad respectiva se mantiene igual, de suerte que los cuerpos se alejan después del choque con la velocidad con que se habían aproximado antes del choque[4]. Pero esta velocidad respectiva puede mantenerse igual, aunque cambien de infinidad de maneras las verdaderas velocida-

---

[3] En una Carta a Malebranche del 12-23 de marzo de 1699, en la que trata de la segunda «conversión» de éste, Leibniz comenta: «Convenís ahora conmigo en que no se conserva la misma cantidad de movimiento absoluto, sino hacia el mismo lado o, como yo la llamo, la misma cantidad de dirección. Sin embargo, hace falta que os diga que creo que se conserva además la misma cantidad no sólo de la fuerza absoluta, sino además de la acción motriz absoluta, la cual he encontrado completamente diferente de lo que se llama cantidad de movimiento, sirviéndome de un razonamiento que me ha sorprendido tanto más cuanto es fácil y claro, y extraído de las nociones más simples, sin suponer peso ni elasticidad.» PS, I, p. 357. La semejanza de los conceptos aquí mencionados con los del *Ensayo II* dan verosimilitud a la hipótesis de que fue compuesto en un momento no demasiado alejado en el tiempo de la redacción de la carta.

[4] «Proposición IV. Siempre que dos cuerpos colisionan entre sí, la velocidad relativa de alejamiento es la misma que la que había de aproximación.» Huygens, *De motu..., Oeuvres complètes*, XVI, p. 43.

des y las fuerzas absolutas de los cuerpos, de suerte que esta conservación no considera lo que hay de absoluto en los cuerpos.

(4) Aún advierto otra conservación, la de la Cantidad de progreso, pero ésta tampoco es la conservación de lo que hay de absoluto. Llamo *progreso* a la Cantidad de Movimiento con la que se procede
217 hacia un lado determinado, de suerte que, / si el cuerpo fuera en sentido contrario, este progreso sería una cantidad negativa. Ahora bien, cuando dos o más cuerpos se encuentran, se toma el progreso del lado en que va su centro de gravedad común y, si todos los cuerpos van hacia este mismo lado, hay que considerar entonces la suma de los progresos de cada uno como el progreso total; y se ve que en este caso el progreso total y la cantidad de movimiento total de los cuerpos son la misma cosa[5]. Pero, si uno de los cuerpos fuera en sentido contrario, su progreso hacia el lado en cuestión sería negativo y, por consiguiente, debe ser restado a los otros para tener el progreso total. Así, si no hay más que dos cuerpos, de los que uno va hacia el lado del centro común y el otro en sentido contrario, es preciso que de la cantidad de movimiento del primero sea sustraída la del segundo, y el resto será el progreso total. Pues bien, resulta que el progreso total se conserva, o que hay igual progreso hacia el mismo lado antes o después del choque[6]. Pero de nuevo se ve que esta conservación no responde a la que se pide de algo absoluto. Pues es posi-

---

[5] «Por lo demás, he advertido una ley de la Naturaleza admirable. [...] Es que el centro común de gravedad de dos, tres o tantos cuerpos como se quiera, avanza siempre igualmente hacia el mismo lado en línea recta antes y después de su encuentro.» Huygens, *Extrait d'une lettre...*, *Oeuvres complètes*, XVI, p. 181.

[6] Lo mismo afirma la 5.ª regla del encuentro de los cuerpos formulada por Huygens en 1669. Véase *Extrait d'une lettre...*, *Oeuvres complètes*, XVI, p. 180.

ble que, siendo muy considerables la velocidad, la cantidad de movimiento y la fuerza de los cuerpos, su progreso sea nulo. Esto ocurre cuando los dos cuerpos opuestos tienen cantidades de movimiento iguales. En cuyo caso, de acuerdo con el sentido que se le acaba de dar, no hay en absoluto progreso total.

(5) Hace ya mucho tiempo que he corregido y rectificado esta doctrina de la conservación de la Cantidad de Movimiento, y que he puesto en su lugar la conservación de alguna otra cosa absoluta; pero la verdad es que por lo común no parece que se haya penetrado lo suficiente en mis razones, ni que se haya comprendido la belleza de lo que he observado precisamente sobre esta cosa que faltaba, es decir, la conservación de la Fuerza absoluta, como noto en todo lo que se ha publicado en Francia o en otros lugares sobre las leyes del movimiento y la mecánica, incluso tras lo que he escrito sobre las Dinámicas[7]. Pero, como algunos de los más profundos matemáticos se han rendido a mi sentimiento tras muchas resistencias, me prometo con el tiempo la aprobación general[8]. Para volver, pues, a lo que digo de la conservación de la Fuerza absoluta, hay que saber que el origen del error sobre la Cantidad de Movimiento viene de que ha sido tomada por la Fuerza. Creo que naturalmente se tendería a creer que la misma Cantidad de Fuerza total persiste antes o después del choque de los cuerpos, y yo he encontrado esto muy cierto. Ahora bien, habiéndose
218 tomado la Cantidad de Movimiento y la Fuerza / por

[7] Leibniz recuerda las críticas que Catelan y Papin dedicaron a su *Brevis demonstratio*. Su *Ensayo de dinámica I* no tuvo mejor suerte, puesto que la memoria de Varignon *Examen de la raison par laquelle M. Leibniz prétend prouver que Dieu ne conserve pas la même quantité de mouvement dans le monde*, presentado a la Academia de Ciencias el 14 de marzo de 1693, lo pasaba por alto. Véase Costabel, *Leibniz et...*, p. 27.

[8] Aparte de Malebranche, Leibniz se refiere a Johann I Bernoulli. Véase *Carta a Leibniz* de junio de 1695, MS, III, pp. 188-189.

una misma cosa, se ha concluido que la Cantidad de Movimiento se conservaba. Lo que más ha contribuido a confundir la Fuerza con la Cantidad de Movimiento es el abuso de la Doctrina Estática. Porque en la estática se encuentra que dos cuerpos están en equilibrio cuando, en virtud de su situación, sus velocidades son recíprocas a sus masas o pesos, o cuando tienen la misma cantidad de movimiento.

(6) Pero hay que saber que esta igualdad de la Fuerza en este caso viene de otro principio, porque generalmente la *Fuerza absoluta* debe ser estimada por el efecto violento que puede producir. Llamo *Efecto violento* al que consume la Fuerza del agente, como, por ejemplo, dar tal velocidad a un cuerpo dado, elevar tal cuerpo a tal altura, etc. Y se puede estimar cómodamente la fuerza de un cuerpo pesado mediante el producto de la masa o del peso multiplicado por la altura a que el cuerpo podría subir en virtud de su movimiento. Ahora bien, las alturas a las que podría subir o de las que podrían descender los dos cuerpos que están en equilibrio son recíprocas a sus pesos; o bien son iguales los productos de las alturas por los pesos. Y solamente ocurre en el caso del Equilibrio o de la Fuerza muerta que las alturas sean como las velocidades, y que así los productos de los pesos por las velocidades sean como los productos de los pesos por las alturas[9]. Esto, digo,

[9] En el margen del manuscrito ha observado Leibniz: «Así es asombroso que el Sr. Descartes haya evitado tan bien el escollo de tomar la velocidad por la fuerza en su pequeño tratado de Estática o de la Fuerza muerta, donde no había ningún peligro, habiendo reducido todo a los pesos y las alturas, cuando ello era indiferente, y que haya abandonado las alturas por las velocidades en los casos en que había que hacer todo lo contrario, es decir, cuando se trata de percusiones o fuerzas vivas que se deben medir por los pesos y las alturas.» [Nota de Gerhardt.] El motivo de esta observación es la *Carta de Descartes a Cons. Huygens* del 5 de octubre de 1637, editada en 1668, a la que ya me he referido varias veces. Arnauld fue el que llamó la atención de Leibniz sobre este texto; véase *Carta a Leibniz* del 28 de septiembre 1686, PS, II, pp. 67-68. En la res-

ocurre solamente en el caso de la *Fuerza muerta*, o del movimiento infinitamente pequeño, que he acostumbrado a llamar *Solicitación*, que tiene lugar cuando un cuerpo pesado procura comenzar el movimiento y todavía no ha alcanzado ninguna impetuosidad; y esto ocurre justamente cuando los cuerpos están en equilibrio, y procurando descender se estorban mutuamente. Pero cuando un cuerpo pesado progresa descendiendo libremente, y ha alcanzado impetuosidad o *Fuerza viva*, entonces las alturas que este cuerpo podría alcanzar no
219 son / proporcionales a las velocidades. Y, por eso, en el caso de la fuerza viva las fuerzas no son como las cantidades de movimiento o como el producto de las masas por las velocidades.

(7) Sin embargo, es notable y contribuye al error que dos cuerpos desiguales en fuerza viva absoluta, porque de eso hablo, pero cuya cantidad de movimiento es igual, puedan detenerse, lo que ha hecho creer que tienen una fuerza absolutamente igual, como, por ejemplo, dos cuerpos A de masa 3 y velocidad 2, y B de masa 2 y velocidad 3. Pues aunque A sea absolutamente más débil que B, no pudiendo A levantar una libra más que a 12 pies, mientras que B puede elevar una libra a 18 pies; no obstante, pueden detenerse al encontrarse, y la razón de ello es que los cuerpos no se estorban más que según las leyes de la fuerza muerta o de estática. Porque, siendo elásticos como se les supone, no actúan entre sí más que como fuerzas muertas o según el equilibrio en el encuentro, es decir, por cambios inasignables, porque, al presionarse, se resisten y se debilitan continuamente más y más hasta el reposo, a cada momento no destruyen recíprocamente uno a otro más que un movimiento

puesta a esta última carta (28 de noviembre -8 de diciembre de 1686) hay un acuse de recibo explícito: «He encontrado en las cartas del Sr. Descartes lo que me habíais indicado.» PS, II, p. 80.

infinitamente pequeño, o sea, una fuerza muerta igual por una y otra parte; ahora bien, la cantidad de la fuerza muerta es estimada según las leyes del equilibrio por la cantidad de movimiento, infinitamente pequeña a decir verdad, pero cuya continua repetición agota por fin toda la cantidad de movimiento de los dos cuerpos, la cual, al haberse supuesto igual en uno y otro cuerpo, se agota al mismo tiempo una y otra cantidad de movimiento y, por consiguiente, ambos cuerpos se reducen al reposo al mismo tiempo por las presiones de sus resortes que, recuperándose después, devuelven el movimiento. En esta disminución continua de la cantidad de movimiento según el equilibrio en el encuentro de dos resortes, consiste la causa de la paradoja de que dos fuerzas absolutas desiguales, pero que tienen cantidades de movimiento iguales, deban detenerse, porque ello ocurre en una acción respectiva, en la que el combate no se hace más que según cantidades de movimiento infinitamente pequeñas continuamente repetidas[10].

---

[10] El razonamiento de Leibniz para explicar el equilibrio de dos móviles que tienen distinta fuerza viva, pero idéntica cantidad de movimiento, es discutible, porque tiende a asimilar la noción de fuerza muerta con una versión relativa (esto es, vectorial) de la cantidad de movimiento cartesiana o, lo que es lo mismo, con el concepto leibniziano de cantidad de progreso o dirección. Sin embargo, hablando en términos más actuales, la fuerza muerta es equivalente al producto de la fuerza impresa newtoniana por el diferencial del espacio, es decir:

$$F_m = F.ds = m.a.ds = m.(dv/dt).ds = m.(ds/dt).dv = m.v.dv$$

Integrando, resulta la fuerza viva:

$$F_v = \int F_m = \int m.v.dv = 1/2 m.v^2$$

Por consiguiente, en ningún caso puede resultar la cantidad de movimiento de una integración de fuerzas muertas, sino de la integración de elementos de impulsión mecánica (*F.dt*), de modo que la impulsión resultante:

$$I = \int F.dt = \int m.(dv/dt).dt = \int m.dv = m.v$$

sí es equivalente a la cantidad de movimiento. Hay que reconocer, en conclusión, que Leibniz confunde la noción de fuerza muerta con el concepto de impulso elemental.

(8) Ahora bien, la razón y la experiencia enseñan que lo que se conserva es la *Fuerza viva absoluta*, o sea, la que se estima por el efecto violento que puede producir, y de ninguna manera la cantidad de movimiento. Porque, si esta fuerza viva pudiera aumentar
220 alguna vez, / el efecto sería más potente que la causa, o bien se daría el movimiento mecánico perpetuo, es decir, el que podría reproducir su causa y algo más, lo que es absurdo. Pero, si la fuerza pudiera disminuir, al final perecería por completo, pues, no pudiendo aumentar nunca y pudiendo sin embargo disminuir, iría siempre progresivamente en decadencia, lo que sin duda es contrario al orden de las cosas. La experiencia también lo confirma, y siempre resultará que si los cuerpos convirtiesen sus movimientos horizontales en movimientos ascensionales, elevarían en total el mismo peso a la misma altura antes y después del choque, supuesto que en el choque no haya sido absorbida nada de la fuerza por las partes de los cuerpos cuando estos cuerpos no son perfectamente elásticos, sin hablar de lo que absorbe el medio, la base y otras circunstancias. Pero, como es una cosa que he aclarado suficientemente otras veces, no la repetiré[11].

(9) Ahora me satisface dar aún otra vuelta al asunto y mostrar la conservación de algo más semejante a la cantidad de movimiento, es decir, *la conservación de la Acción motriz*[12]. He aquí, pues, la regla general que

---

[11] La teoría de Leibniz sobre la acción motriz aparece expuesta, aparte de en este lugar, en el *Dynamica de potentia* (MS, VI, pp. 345-367) y en la correspondencia con Bayle (PS, III, pp. 59-61), Johann Bernoulli (MS, IV, p. 240) y de Volder (PS, II, pp. 201-206), quedando por tanto inédita. En el siglo XVIII fue difundida por Christian Wolff en la memoria *Principia dynamica* (San Petersburgo, 1728). Véase Gueroult, *Leibniz. Dynamique...*, p. 122.

[12] Las últimas líneas responden a la objeción de que la fuerza no se conserva en el choque inelástico. Aunque declara no querer insistir más en el tema, volverá a tratarlo con cierto detalle en los dos últimos párrafos del *Ensayo* (§§ 26-27).

establezco. Cualesquiera cambios que puedan producirse entre cuerpos concurrentes, de cualquier número que sean, *es preciso que haya siempre la misma cantidad de Acción motriz en un mismo intervalo de tiempo en los cuerpos que concurren ellos solos entre sí.* Por ejemplo, debe haber durante esta hora tanta acción motriz en el universo, o en unos cuerpos dados que actúan aislados entre sí, como la que habrá durante cualquier otra hora.

(10) Para entender esta regla, hay que explicar la Estimación de la Acción motriz, completamente diferente de la Cantidad de Movimiento, de la manera en que la cantidad de movimiento acostumbra a ser entendida siguiendo lo que se ha explicado aquí arriba. Según esto, a fin de que pueda ser estimada la Acción motriz, hay que estimar primeramente el Efecto formal del movimiento. Este efecto formal o esencial al movimiento consiste en lo que es cambiado por el movimiento, es decir, en la cantidad de masa que se transfiere y en el espacio o en la longitud por la que esta masa se transfiere. Es el efecto esencial del movimiento, o lo que resulta cambiado: porque ese cuerpo estaba allí, ahora está aquí; el cuerpo es tanto y la distancia es tal.
221 Concibo con mayor facilidad / que el cuerpo se ha movido de suerte que cada punto describe una línea recta igual y paralela a la de cualquier otro punto del mismo cuerpo. Entiendo además un movimiento uniforme y continuo. Supuesto esto, el *Efecto formal del movimiento* es el producto de la masa que se transfiere multiplicada por la longitud de la traslación, o sea, los Efectos formales están en razón compuesta de las masas y las longitudes de la traslación, de suerte que son iguales los efectos formales de un cuerpo como 2 que es transportado una longitud de 3 pies, y otro cuerpo como 3 que es transportado una longitud de 2 pies. Hay que distinguir bien lo que llamo aquí el *Efecto formal* o esencial del movimiento, de lo que he llamado arriba el *efecto violento.* Porque el efecto violento con-

sume la fuerza y se ejerce sobre algo externo; pero el Efecto formal consiste en el cuerpo en movimiento, tomado en sí mismo, y no consume la fuerza, e incluso más bien la conserva, puesto que debe continuar siempre la misma traslación de la misma masa, si nada exterior lo impide; por esta razón las Fuerzas absolutas son como los efectos violentos que las consumen, y en modo alguno como los efectos formales.

(11) Ahora será más fácil entender qué es la Acción motriz: pues hay que estimarla no solamente por el Efecto formal que produce, sino también por el vigor o velocidad con que lo produce[13]. Se quieren transportar 100 libras a una legua de aquí; ése es el efecto formal que se pide. Uno quiere hacerlo en una hora, otro en dos horas; digo que la acción del primero es doble que la del segundo, al ser doblemente pronta sobre un efecto igual. Supongo siempre el movimiento continuo y uniforme. También se puede decir que un cuerpo como 3 que es transportado una longitud de 5 pies en 15 minutos de tiempo, es la misma acción que si un cuerpo como 1 fuera transportado una longitud de 1 pie en 1 minuto de tiempo.

(12) Esta definición de Acción motriz se justifica suficientemente *a priori*, porque es manifiesto que en una acción puramente formal tomada en sí misma, como aquí es la de un cuerpo en movimiento considerado aparte, hay dos puntos a examinar, el efecto formal o lo que cambia, y la prontitud del cambio, porque es bien manifiesto que lo que produce el mismo efecto formal en menos tiempo, actúa más. Pero, si alguien se obstina-
222 ra en dis/putarme esta definición de Acción motriz, me

[13] En un esbozo de la carta que Leibniz escribe a de Volder el 9-20 de enero de 1700, aparecen tres definiciones para la acción: «(1) Las acciones están en razón compuesta de las potencias y los tiempos. (2) Las acciones están en razón compuesta de los efectos y las velocidades. [...] (4) Las acciones están en razón compuesta de los tiempos y los cuadrados de las velocidades.» PS, II, p. 201.

bastaría decir que para mí es arbitrario llamar Acción motriz lo que acabo de explicar, con tal que la naturaleza justifique después la realidad de esta definición nominal, lo que sucederá cuando muestre que la naturaleza conserva justamente la cantidad de ella.

(13) Ahora bien, puesto que la Acción motriz es lo que resulta de multiplicar el Efecto formal por la velocidad, quiero dar de modo más distinto la estimación de la velocidad[14]. Se sabe que de dos móviles que recorren uniformemente el mismo espacio en tiempos desiguales, la velocidad mayor será la del que lo recorra en menos tiempo, según la proporción en que el tiempo sea más corto. Así, siendo iguales los espacios recorridos, las velocidades son recíprocamente proporcionales a los tiempos. Pero si los tiempos fueran iguales, las velocidades serían como los espacios recorridos. Porque, habiendo recorrido un cuerpo en movimiento un pie en un minuto y otro dos pies, es manifiesto que la velocidad del segundo es doble. Así, las velocidades están en razón compuesta de la directa de los espacios recorridos y la inversa de los tiempos empleados. O, lo que es la misma cosa, para tener la estimación de la velocidad hay que tomar el espacio y dividirlo por el tiempo. Por ejemplo, si A acaba 4 pies en 3 segundos y B acaba 2 pies en un segundo, la velocidad de A será como 4 dividido por 3, es decir, como 4/3, y la velocidad de B como 2 dividido por 1, es decir, como 2, de suerte que la velocidad de A será a la de B como 4/3 a 2, es decir, como 2 a 3.

---

[14] En el *Dynamica de potentia* (I, IV, cap. II), Leibniz considera también conveniente explicar los conceptos cinemáticos más elementales (véase MS, VI, pp. 375-381). Se trata de una explicación bastante trivial, cuyo sentido puede estar en una costumbre de la época: era usual entonces hacer abstracción de las magnitudes que no afectan directamente al caso estudiado y se mantienen constantes en los ejemplos utilizados (así ocurre, p. ej., con la noción de masa en las definiciones de acción que he recogido en la nota anterior). Por esta razón, con frecuencia se sustituyen las velocidades por los espacios recorridos, de manera que se hace necesario restituir en un momento dado la integridad del concepto.

(14) Ahora se trata de verificar la conservación de la Acción motriz. Puedo dar la demostración general en pocas palabras, porque ya he probado en otra parte que se conserva la misma fuerza, y porque, en el fondo, la acción es el ejercicio de la fuerza o la fuerza llevada en el tiempo, no consistiendo en otra cosa la naturaleza abstracta de la fuerza. Así, puesto que la misma fuerza se conserva y puesto que la acción es el producto de la fuerza por el tiempo, la misma acción se conservará en tiempos iguales[15]. Pero lo quiero verificar por el detalle de las leyes del movimiento establecidas por la experiencia y recibidas comúnmente. Me contentaré con un ejemplo, pero se encontrará otro tanto en cualquier otro ejemplo que se quiera elegir. E incluso se podrá ver primero la razón general, haciendo el cálculo *in abstracto*, o en general y por letras, sin emplear ningún otro nombre par-
223 ticular. / Pero para la inteligencia de todo el mundo prefiero dar un ejemplo con números.

(15) Sea un ángulo recto LMN (fig. 9) cuyos lados LM, LN se prolongan a discreción. Sea llevada una recta AM, de suerte que, prolongada más allá del punto M, cortase el ángulo LMN en dos partes iguales. Se podrá considerar AM como la hipotenusa de

[15] Uno de los principales motivos que animan a Leibniz a introducir la teoría de la acción motriz es el deseo de llevar la discusión sobre la estimación de las fuerzas al terreno del adversario, mostrando que la fuerza no se identifica con la cantidad de movimiento ni siquiera cuando el tiempo interviene en la evaluación. Puesto que la acción motriz es igual al producto de la masa por la velocidad y por el espacio, equivale en dimensiones a la fuerza viva (masa por la velocidad al cuadrado) multiplicada por el tiempo, ya que:

$$m.v.s = m.v.v.t = m.v^2.t$$

En consecuencia, como se conservan las fuerzas vivas en todo momento, si multiplicamos la suma de las fuerzas vivas de un sistema por intervalos de tiempo equivalentes, obtendremos forzosamente magnitudes iguales. Teniendo esto en cuenta, el farragoso ejemplo que sigue no aporta realmente nada nuevo, ya que en él sólo se contemplan choques elásticos que, como es bien sabido, mantienen constante la fuerza viva.

un cuadrado cuyo lado sea llamado 1. Siendo esto así, supongo que el cuerpo A[16], estando en el lugar $_{1}$A en el momento 1, va del punto $_{1}$A al punto M durante el tiempo 1,2, y encuentra allí en el momento 2 a los dos cuerpos B y C, que habían estado en repo-

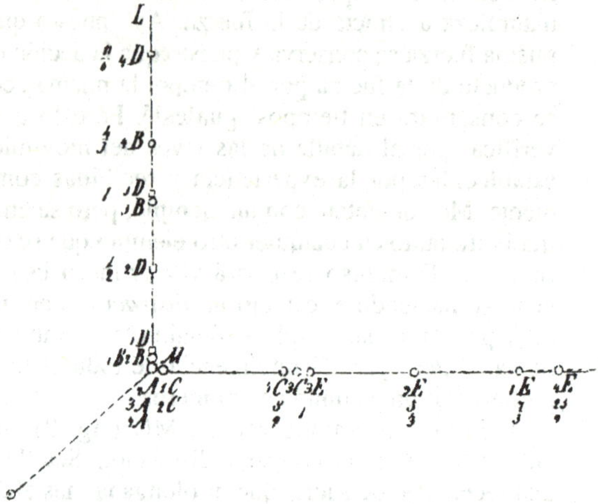

so durante el tiempo 1,2, lo que se conoce en la figura en que su lugar se designa por $_{1}$B y por $_{2}$B, como también por $_{1}$C y por $_{2}$C. Ahora bien, el encontrar el cuerpo A a los dos cuerpos en M en el momento 2, estando en M o $_{2}$A, los apartará y se quedará en reposo en M, punto que será de nuevo $_{3}$A y $_{4}$A, porque A permanecerá ahí durante los tiempos 2,3 y 3,4, que supongo ambos iguales entre sí y al tiempo 1,2. Pero B irá hacia L desde el momento 2 durante el tiempo 2,3 con una velocidad como 1, y encontrará en el momento 3 al cuerpo D, que antes había ido delante de él durante el tiempo 1,2 del lugar $_{1}$D al lugar $_{2}$D, y

---

16 No se tiene en cuenta el espesor de los cuerpos, que se supone poco considerable. [Observación de Leibniz.]

durante el tiempo 2,3 del lugar $_2D$ al lugar $_3D$ con una velocidad como 1/2. Ahora bien, al encontrar B a D en el momento 3, le dará una velocidad $_3D_4D$, es decir, que en el tiempo 3,4 $_1D$ llegará a $_4D$, y durante ese tiempo, B irá de $_3B$ a $_4B$ con la velocidad $_3B_4B$. Lo propio sucederá en el otro lado, donde C, empujado por A en el momento 2, irá hacia N con velocidad 1, y encontrará en el momento 3 al cuerpo E, que va contra él, habiendo ido antes durante el tiempo 1,2 del lugar $_1E$ al lugar $_2E$, y durante el tiempo 2,3 del lugar $_2E$ al $_3E$ con una velocidad como 2/3. Ahora bien, al encontrar C a E en el momento 3, le dará la velocidad $_3E_4E$, es decir, durante el tiempo 3,4 viene de $_3E$ a $_4E$. Y durante ese tiempo, C irá de $_3C$ a $_4C$ con la velocidad $_3C_4C$.

Sigue el registro de las masas y de las velocidades.

Las masas de los cuerpos A,B,C,D,E son 1,1,1,2,1/2.

Durante el tiempo 1,2, las velocidades de los cuerpos A,B,C,D,E son $\sqrt{2}$,0,0,1/2,2/3.

224 Durante el tiempo 2,3, las velocidades de los cuerpos A,B,C,D,E son 0,1,1,1/2,2/3.

Durante el tiempo 3,4, las velocidades de los cuerpos A,B,C,D,E son 0,1/3,1/9,5/6,14/9, donde hay que señalar que el cuerpo C en lugar de avanzar rebota hacia atrás con velocidad 1/9.

La justificación de estos números se encontrará en las reglas o Ecuaciones que señalaremos más abajo.

Hagamos ahora la cuenta de las Acciones motrices durante los tiempos iguales entre sí 1,2; 2,3; 3,4.

(16) Durante el tiempo 1,2.

A es de masa 1, la longitud de la traslación $_1A_2A$ es $\sqrt{2}$. Por tanto, multiplicando una por otra, el efecto formal es $\sqrt{2}$. La velocidad se obtiene dividiendo la longitud $\sqrt{2}$ por el tiempo 1, lo que da $\sqrt{2}$. Y, multiplicando el efecto por la velocidad, la acción motriz de A es 2.

B y C están en reposo durante este tiempo en $_1B_2B$ o $_1C_2C$, por lo que su acción motriz es 0.

D es de masa 2, la longitud de la traslación 1/2, el Efecto formal 2 por 1/2, o sea, 1. Dividiendo la longitud 1/2 por el tiempo 1 resulta la velocidad 1/2, y el efecto multiplicado por la velocidad es 1 por 1/2, o 1/2, que es la acción de D.

E tiene de masa 1/2, la longitud de la traslación 2/3, por consiguiente, el Efecto 1/3. Ahora bien, la longitud 2/3 dividida por 1 da para la velocidad 2/3, la cual, multiplicada por el Efecto, da 2/9 para la Acción de E.

Y la suma de todas las Acciones motrices de los cuerpos A,B,C,D,E durante el tiempo 1,2 es

2+0+0+1/2+2/9=49/18.

(17) Durante el tiempo 2,3.

A está en reposo y su acción es 0.

B tiene masa 1, la longitud de traslación es 1 (a saber $_{2}B_{3}B$), el Efecto formal 1, la longitud 1 dividida por el tiempo 1 da la velocidad 1, que al multiplicarla por el Efecto 1 da 1, que es la Acción de B.

C; el cálculo es el mismo que con respecto a C y resulta la misma Acción 1.

D tiene la misma acción que en el tiempo precedente, a saber, 1/2.

E igualmente tiene la misma Acción que en el tiempo precedente, a saber, 2/9.

Y la suma de todas las acciones motrices de los
225 cuerpos / A,B,C,D,E durante el tiempo 2,3 es

0+1+1+1/2+2/9=49/18.

(18) En fin, durante el tiempo 3,4.

A está en reposo y su acción es 0.

B es de masa 1, la longitud de la traslación es 1/3, a saber, $_{3}B_{4}B$, por lo que el Efecto es 1/3. La misma longitud 1/3 dividida por el tiempo 1 da 1/3 para la velocidad, que multiplicada por el Efecto, da 1/9, Acción de B.

C tiene masa 1, la longitud de la traslación $_{3}C_{4}C$

es 1/9, por tanto, el Efecto es 1/3. Porque aquí no importa, puesto que se buscan cosas absolutas, si C avanza por ${}_3C_4C$ o rebota hacia atrás como efectivamente hace. La misma longitud 1/9 dividida por el tiempo 1 da la velocidad 1/9, que, multiplicada por el Efecto, resulta 1/81 para la Acción de C.

D tiene masa 2, la longitud de la traslación ${}_3D_4D$ es 5/6, por lo que el efecto es 5/3. La misma longitud dividida por el tiempo 1 es 5/6 o sea, la velocidad, que, multiplicada por el Efecto, resulta 25/18, que es la Acción de D.

E tiene masa 1/2, la longitud de la traslación es 14/9, el efecto, 7/9. La misma longitud dividida por el tiempo 1 es 14/9, es decir, la velocidad, que, multiplicada por el Efecto, resulta 98/81 para la Acción de E.

Y la suma de todas las Acciones motrices de los cuerpos A,B,C,D,E durante el tiempo 3,4 es

$$0+1/9+1/81+25/18+98/81=\frac{18+2+225+196}{162}=441/162=49/18,$$

como en cada uno de los tiempos precedentes.

(19) He seguido en este cálculo el método general, puesto que, como no solamente las Acciones motrices son iguales en tiempos iguales, sino proporcionales a los tiempos en tiempos desiguales, he dividido el espacio por el tiempo para tener la velocidad, pero, cuando como aquí el tiempo es siempre el mismo y así puede ser tomado por la unidad, la división por el tiempo no cambia nada y, por consiguiente, se puede tomar para la velocidad el número de la longitud de la traslación, siendo las velocidades como los espacios; de donde es manifiesto que, siendo el Efecto el producto de la masa por el espacio, y siendo la velocidad como el espacio, la Acción es como el producto de la masa por el cuadrado del espacio de la traslación (se entiende una traslación
226 horizontal en los cuerpos / pesados), o como el producto de la masa por el cuadrado de la velocidad.

Ahora bien, demostraré más abajo en la 3.ª Ecuación que la suma de los productos de las masas por los cuadrados de las velocidades se conserva en el concurso de los cuerpos. Por tanto se ha probado que la Acción motriz se conserva, sin hablar de otras pruebas, por las que he mostrado en otros lugares que las fuerzas se conservan y que las fuerzas son como los productos de las masas por los cuadrados de las velocidades, mientras que las Acciones son como los productos de las fuerzas por los tiempos, de suerte que si no se supiera por otro lado esta estima y conservación de la Fuerza, se la conocería aquí, al encontrar por el cálculo detallado o incluso en general por la 3.ª Ecuación más abajo, que se conserva la Acción motriz; ahora bien, está claro que las Acciones motrices están en razón compuesta de las fuerzas y los tiempos y, al ser iguales los tiempos, las acciones motrices son como las potencias o fuerzas.

(20) Pero ¿extrañará de dónde viene este éxito, que nunca faltará por complicado que sea el ejemplo que se tome? Eso se puede probar *a priori* independientemente de las reglas del movimiento recibidas, y es lo que he mostrado varias veces por vías diferentes[17]. Pero aquí

[17] Éste es el resumen que ofrece en una carta sin fecha (pero no anterior a 1698) dirigida a Bayle: «He aquí mi argumento: En los movimientos de un mismo cuerpo: 1) La acción de recorrer dos leguas en dos horas es doble de la acción de recorrer una legua en una hora (porque la primera acción contiene la segunda precisamente dos veces); 2) La acción de recorrer una legua en una hora es doble de la acción de recorrer una legua en dos horas (o bien las acciones que producen un mismo efecto son como las velocidades). Por tanto 3) La acción de recorrer dos leguas en dos horas es cuádruple de la acción de recorrer una legua en dos horas. Esta demostración muestra que al recibir un móvil una velocidad doble o triple, a fin de poder producir un efecto doble o triple en el mismo tiempo, recibe una acción cuádruple o nónuple. De modo que las acciones son como los cuadrados de las velocidades.» PS, II, p. 60. Como dije antes, Gueroult piensa que en este argumento son insuficientes tanto la mayor como la menor, y que gracias al fracaso de esta prueba se salva la coherencia del sistema leibniziano, ya que en otro caso se volverían a confun-

mostraré que ello se prueba por las mismas reglas de la percusión que ha justificado la experiencia, y de las que se puede dar razón por el método del barco, como ha hecho el Sr. Huygens[18], y de muchos otros modos, aunque se esté siempre obligado a suponer algo no matemático, que tiene su fuente más alto. Sin embargo, reduciré todo a tres ecuaciones muy simples y bellas, que contienen todo lo que respecta al concurso central de dos cuerpos sobre una misma recta.

Velocidades conspirantes

del cuerpo *a* antes del choque:	*v*,	después: *x*
b	*y*,	*z*

Llamo *conspirantes* a estas *velocidades*, porque supongo que todas ellas tienden hacia el lado en que va el centro de gravedad común de los dos cuerpos. Pero, si acaso alguna velocidad va verdaderamente en sentido contrario, entonces la letra que expresa la velocidad conspirante significa una cantidad negativa. Pero se tomará siempre el cuerpo *a* por un cuerpo cuya velocidad es verdaderamente conspirante, o sea, que va hacia el lado del centro de gravedad antes del choque, e incluso de suerte que
227 el cuerpo *a* siga y no preceda al centro / de gravedad común. Así, los signos no varían en *v*, pero pueden variar en *y*, *z*, *x*. He aquí ahora nuestras tres ecuaciones:

(21) I. *Ecuación Lineal*[19], que expresa la conservación de la causa del choque o de la velocidad respectiva:

$$v - y = z - x$$

y $v–y$ significa la velocidad respectiva entre los cuerpos con que se aproximan antes del choque, y $z–x$ sig-

dir las verdades de razón con las de hecho, la física se reduciría a la matemática, y no habría lugar a la consideración moral de la acción divina. Véase Gueroult, *Leibniz. Dynamique...*, pp. 153-154.

[18] Véase Huygens, *De motu...*, *Oeuvres complètes*, XVI, pp. 33 ss.

[19] Los términos ecuación lineal, plana y sólida proceden de la matemática de Cavalieri.

nifica la velocidad respectiva con que se alejan después del choque. Y esta velocidad respectiva es siempre la misma cantidad antes o después del choque, en el supuesto de que los cuerpos sean bien elásticos; es lo que dice esta Ecuación. Sólo hay que advertir que, variando los signos en la explicación de detalle, esta regla general encerrará todos los casos particulares. Lo cual ocurre también en la Ecuación siguiente:

(22) II. *Ecuación plana*, que expresa la conservación del progreso común o total de los dos cuerpos

$$av + by = ax + bz$$

Llamo aquí *progreso* a la cantidad de movimiento que va hacia el lado del centro de gravedad, de suerte que si, por ejemplo, el cuerpo *b* fuese en sentido contrario antes del choque y su velocidad conspirante y fuese negativa, o sea, fuese expresada por $-(y)$, entendiendo por *(y) molem*, o lo que hay de positivo en *y*[20], entonces el progreso de *a* sería *av*, el progreso de *b* sería $-b(y)$. Y el progreso total sería $av-b(y)$, que es la diferencia de las cantidades de movimiento de los dos cuerpos. Si los cuerpos *a* y *b* van hacia el mismo lado antes y después del choque, estas letras *v, y, x, z* no significan más que velocidades conspirantes verdaderas o afirmativas y, por consiguiente, en este caso parece por esta Ecuación que la misma cantidad de movimiento se conservará antes y después del choque. Pero, si los cuerpos *a* y *b* fuesen en sentido contrario antes del choque y en el mismo sentido después del choque, la diferencia de la cantidad de movimiento antes del choque sería igual a la suma de la cantidad de movimiento después del choque. Y habrá otras variaciones semejantes según la variación de los signos de *y, x, z*.

[20] Es decir, el módulo de la velocidad prescindiendo del sentido (se están considerando movimientos que siguen siempre la misma dirección, y por eso se hace abstracción de ésta última).

(23) III. *Ecuación sólida*, que expresa la conservación de la fuerza total absoluta o de la Acción Motriz

$$avv + byy = axx + bzz$$

Esta ecuación tiene de excelente que todas las variaciones de los signos, que no pueden venir más que de
228 las diversas direcciones de las ve/locidades *v, x, z, y*, cesan, porque todas las letras que expresan esas velocidades están elevadas aquí al cuadrado. Ahora bien, $-y$ y $+y$ tienen el mismo cuadrado $+yy$, de suerte que todas estas direcciones diferentes no hacen nada. Por eso también esta Ecuación da algo absoluto, independiente de las velocidades respectivas o de los progresos hacia un lado determinado. Aquí no se trata más que de estimar las masas y las velocidades, sin preocuparse de hacia qué lado van esas velocidades. Y esto satisface al mismo tiempo el rigor de los matemáticos y el deseo de los filósofos, las experiencias y las razones extraídas de diferentes principios.

(24) Aunque reúno estas tres Ecuaciones por la belleza y armonía, no obstante dos de ellas podrían bastar para la necesidad[21]. Porque, tomando de estas ecuaciones dos cualesquiera, se puede inferir de ellas la que resta. Así, la primera y la segunda dan la tercera de la siguiente manera. Por la primera se tendrá $v+x=y+z$; por la segunda se tendrá $a,v-x=b,z-y$, y multiplicando una ecuación por otra miembro a miembro, se tendrá $a,v-x,v+x=b,z-y,z+y$, lo que hace $avv-axx=bzz-byy$, o sea, la tercera Ecuación[22]. Igualmente, la primera y la

---

[21] En efecto, tal como expliqué en el estudio preliminar, son dos las incógnitas que figuran en el problema del choque elástico: la velocidad de ambos cuerpos *después* de la colisión. Cada ecuación permite despejar una incógnita, y con dos queda resuelta toda la cuestión. Una tercera ecuación o bien se reduce a las otras dos, o está en contradicción con ellas, lo que convertiría en inconsistente todo el análisis matemático del proceso.

[22] La primera ecuación $v-y = z-x$ se transforma en $v+x = z+y$; la segunda $av+by = ax+bz$ pasa a $av\text{-}ax = bz\text{-}by$ y, sacando factor común $a(v-x) = b(z-y)$ Multiplicando miembro a miembro $a(v+x)(v-x) =$

tercera dan la segunda, porque $a,vv-xx=b,zz-yy$, que es la 3.ª, dividida miembro a miembro por la primera $v+x=z+y$, dará $a,vv-xx,.:,v+x=b,zz-yy,.:,z+y$, lo que hace $a,v-x=b,z-y$, es decir, la segunda ecuación[23]. En fin, la ecuación 2.ª y 3.ª dan la primera. Porque la tercera $a,vv-xx=b,zz-yy$ dividida por la segunda, a saber, por $a,v-x=b,z-y$ da

$$\frac{a,vv-xx}{a,v-x} = \frac{b,zz-yy}{b,z-y}$$

que da $v+x=z+y$, según la primera Ecuación[24].

(25) No añadiré más que una observación, que es que algunos distinguen entre los cuerpos duros y blandos, y los duros en elásticos o no, y construyen diferentes reglas a partir de ello[25]. Pero se puede considerar que los cuerpos son naturalmente duros-elásticos, sin negar no obstante que la elasticidad debe provenir siempre de un fluido más sutil y penetrante, cuyo movimiento es estorbado por la tensión o por el cambio del elástico. Y como este fluido tiene a su vez que estar compuesto él mismo de corpúsculos sólidos, elásticos entre sí, se ve bien que esta Reduplicación de Sólidos y Fluidos sigue hasta el infinito. Ahora bien, la Naturaleza necesita esta elasticidad de los cuerpos para obtener la
229 ejecución de las / grandes y bellas leyes que se ha pro-

$b(z+y)(z-y)$, desarrollando $a(v^2-x^2) = b(z^2-y^2)$; $av^2-ax^2 = bz^2-by^2$ y finalmente $av^2+by^2 = ax^2+bz^2$.

23 Cambiando de miembro y sacando factor común obtenemos de la tercera ecuación $a(v^2-x^2) = b(z^2-y^2)$; dividiendo miembro a miembro $a(v^2-x^2)/(v+x) = b(z^2-y^2)/(y+z)$; y desarrollando los paréntesis $a(v-x) = b(z-y)$; que, desarrollando y cambiando de miembro resulta $av+by = ax+bz$.

24 Siguiendo pasos análogos a los dos primeros casos, resulta la fracción $a(v^2-x^2)/a(v-x) = b(z^2-y^2)/b(z-y)$; y simplificando $v+x = z+y$.

25 En el tratado *Mechanica sive de Motu* (London, 1669-1671), John Wallis distingue entre cuerpos blandos, elásticos y perfectamente duros. Da la regla para el choque de cuerpos blandos en la proposición II del capítulo XI. Véase Dugas, *Histoire de la mécanique*, pp. 165-168.

puesto su Autor infinitamente sabio, entre las que no son las menores esas dos leyes de la Naturaleza que he sido el primero en dar a conocer, de las que *la primera es la ley de la conservación de la fuerza absoluta* o de la acción motriz en el universo, con algunas otras nuevas conservaciones absolutas que dependen de ella y que explicaré algún día, y *la segunda es la ley de continuidad*, en virtud de la cual, entre otros efectos, todo cambio debe acontecer por tránsitos inasignables y jamás a saltos. También esto hace que la naturaleza no soporte cuerpos duros inelásticos. Para mostrar esto, supongamos que una esfera dura no elástica choque con una esfera semejante en reposo: después del choque es preciso que o bien se paren las esferas, en cuyo caso sería violada la ley de conservación de la fuerza, o bien que haya movimiento y que lo reciba la esfera que estaba en reposo, no pudiendo ser considerada inquebrantable, e, incluso aun cuando se suponga así, sería preciso que la colisionante (para conservar la fuerza) rebote de golpe hacia atrás. Lo cual es un cambio prohibido, puesto que se haría de un salto, ya que un cuerpo que va hacia un lado debe aminorar su movimiento hasta el reposo antes de comenzar a ir poco a poco progresivamente hacia atrás. Pero la esfera chocada que debe recibir movimiento todavía cambiará de un salto, si la esfera chocada debe recibir de un golpe cierto grado de velocidad, no siendo plegable para recibirla poco a poco y por grados. Siendo también manifiesto que es preciso o que la esfera colisionante pase de golpe al reposo, lo que ya sería un cambio por saltos, o que, si esa esfera colisionante retiene una cierta velocidad, lo reciba la esfera chocada que estaba en reposo de un golpe que no sea menor que el de la colisionante, ya que la chocada debe parar a la colisionante, o bien ir delante de ella. Así, la colisionante pasa de un golpe de la velocidad al reposo, o al menos la chocada pasa de un golpe del reposo a un cierto grado de velocidad, sin pasar por los grados intermedios, lo que es contrario a la ley de continuidad, que no admite ningún cambio por saltos en la naturaleza. Aún tengo muchas otras razones, todas coincidentes en excluir los cuerpos duros no elásticos, pero no es éste el lugar de extenderse más[26].

(26) Sin embargo, hay que confesar que, aunque
230 los cuerpos deben / ser así naturalmente elásticos en el sentido que acabo de explicar, no obstante, a menudo la elasticidad no aparece suficientemente en las masas o cuerpos que empleamos, aun cuando esas masas estén compuestas de partes elásticas y se parezcan a un saco lleno de bolitas duras que ceden a un choque mediocre, sin restablecer el saco, como se ven cuerpos blandos o que obedecen sin restablecerse suficientemente. Es que las partes no están suficientemente ligadas para transferir su cambio al todo. De lo que resulta que en el choque de tales cuerpos una parte de la fuerza es absorbida por las partículas que componen la masa, sin que esta fuerza sea devuelta al total; y eso debe suceder siempre que la masa oprimida no se restablece perfectamente. Aunque a menudo sucede también que una masa se muestra más o menos elástica según la diferente índole del choque, por ejemplo el agua misma, que cede a una presión mediocre y hace rebotar a una bala de cañón.

(27) Ahora bien, cuando las partes de los cuerpos absorben la fuerza del choque totalmente, como cuando chocan dos trozos de tierra grasa o de arcilla, o en parte, como cuando se encuentran dos bolas de madera, que son mucho menos elásticas que dos esferas de jaspe o de acero templado, cuando, digo, la fuerza es absorbida por las partes, hay otro tanto de pérdida para

[26] La principal es que sin elasticidad no se conservaría en la naturaleza la misma fuerza absoluta y el movimiento se agotaría en ella paulatinamente. Véase *Carta a Bayle* del 27 de diciembre de 1698, PS, III, p. 57. Aparte de ello, Leibniz espera aclarar con ayuda de la elasticidad fenómenos tales como las fermentaciones, el frío y el calor, la fuerza explosiva de la pólvora, etc. Véase *Carta a des Billettes* del 4-14 de diciembre de 1696, PS, VII, p. 453.

la fuerza absoluta y para la velocidad respectiva; es decir, para las Ecuaciones tercera y primera, que no se cumplen, puesto que lo que queda después del choque resulta menor que lo que había antes del choque, a causa de que una parte de la fuerza se desvía hacia otro lado[27]. Pero la cantidad de progreso, o bien, la segunda Ecuación, no es afectada por ello. E incluso se mantiene sólo este progreso total cuando los cuerpos van juntos después del choque con la velocidad de su centro común, como hacen dos bolas de tierra grasa o arcilla. Pero en las semielásticas, como dos bolas de madera, ocurre además que los cuerpos se alejan entre sí después del choque, aunque con una disminución de la primera Ecuación, siguiendo esta fuerza del choque que no ha sido absorbida. Y, a partir de algunas experiencias relativas al grado de elasticidad de esa madera, se podría predecir lo que debería ocurrir a las bolas hechas de ella en toda suerte de encuentros o choques[28]. Sin embargo, esta merma de la fuerza total o este defecto de la tercera Ecuación no deroga en abso-
231 luto la verdad inviolable de la ley / de la conservación de la misma fuerza en el mundo. Porque lo que es absorbido por las partículas no se pierde absolutamente para el universo, aunque se pierda para la fuerza total de los cuerpos concurrentes.

---

[27] Aunque sea de un modo confuso, Leibniz atisba aquí un tema que resultará crucial en la física del siglo XIX: las diferentes formas de la energía y su transformación mutua. La fuerza viva (energía cinética) puede ser empleada para alterar el balance de otras energías (gravitatorias, electromagnéticas) y en estas transformaciones siempre se produce un aumento de la energía calorífica residual, de acuerdo con el segundo principio de termodinámica.

[28] En el escolio a los axiomas o leyes del movimiento de los *Principia*, Newton expone experiencias con péndulos tendentes a fijar el coeficiente de restitución que tiene lugar en el caso de colisión de cuerpos semielásticos. Véase *Principia...*, *Opera* ed. Horsley, II, pp. 23-26.

ÍNDICE DE NOMBRES

ÍNDICE DE MATERIAS